之江实验室 ZHEJIANG LAB

智能计算丛书·数字反应堆
Intelligent Computing Series

丛书主编◎朱世强
丛书副主编◎赵新龙
赵志峰
陈　光

计算天文

Computational Astronomy

冯　毅　王　培　主编

ZHEJIANG UNIVERSITY PRESS
浙江大学出版社
·杭州·

图书在版编目(CIP)数据

计算天文/冯毅,王培主编. —杭州:浙江大学
出版社,2022.11

ISBN 978-7-308-22905-0

Ⅰ.①计… Ⅱ.①冯… ②王… Ⅲ.①天文计算
Ⅳ.①P114.5

中国版本图书馆 CIP 数据核字(2022)第 140488 号

计算天文

冯 毅 王 培 主编

责任编辑	陈 宇 赵 伟	
责任校对	殷晓彤	
责任印制	范洪法	
封面设计	续设计	
出版发行	浙江大学出版社	
	(杭州市天目山路 148 号 邮政编码 310007)	
	(网址:http://www.zjupress.com)	
排 版	杭州星云光电图文制作有限公司	
印 刷	杭州钱江彩色印务有限公司	
开 本	710mm×1000mm 1/16	
印 张	6.75	
字 数	96 千	
版 印 次	2022 年 11 月第 1 版 2022 年 11 月第 1 次印刷	
书 号	ISBN 978-7-308-22905-0	
定 价	78.00 元	

之江实验室智能计算丛书
编 委 会

丛 书 主 编　朱世强

丛 书 副 主 编　赵新龙　赵志峰　陈　光

顾　　　问　潘云鹤　邬江兴　王怀民　陈左宁

　　　　　　张统一　万建民　李　䶮　王平安

编　　　委　胡培松　万志国　张金仓　冯献忠

　　　　　　冯　毅　陈广勇　孙　升　王　培

　　　　　　段宏亮

本书指导组

朱世强　李　䶮　赵新龙　赵志峰　陈　光

本书执笔组

冯　毅　王　培　段　然　任祖杰　陈红阳

刘善赟　徐佳莹　黄利君　李博华　李小倩

王怡恒　陈千惠

丛 书 序

智能计算——迈向数字文明新时代的必由之路

纵观人类生产力发展史,社会主要经济形态经历了从依靠人力的原始经济到依靠畜力的农业经济,再到依靠能源动力的工业经济的变迁,正在加速进入依靠算力的数字经济时代。高性能算力对数据要素的高速驱动、海量处理和智能分析,成为支撑数字经济、数字社会和数字政府发展的核心基础。在全球新一轮科技革命与产业变革中,以算法、数据、算力为"三驾马车"的人工智能技术成为创新的先导力量,不断拓展新的发展领域,推动人类社会持续发生着巨大变革。未来,人类社会必将迈入人-机-物三元融合的"万物皆数"智慧时代,这背后同样需要强大的算力支撑。

与可预见的爆发式增长的算力需求相对的,是越来越捉襟见肘的算力增长。既有算法面临海量数据的挑战,对算力能效的要求越来越严格,算力的提升不得不考虑各类终端接入方式的限制……在未来十年内,摩尔定律可能濒临失效,人类将面临算力短缺的世界性难题。如何破题?之江实验室提出要发展智能计算,为算力插上智慧的"翅膀"。

我们认为,智能计算是支撑万物互联的数字文明时代的新型计算理论方法、架构体系和技术能力的总称。其核心思想是根据任务所需,以最佳方式利用既有计算资源和最恰当的计算方法,解决实际问题。智能计算不是超级计算、云计算的替代品,也不是现有计算的简单集成品,而是要在充分利用现有的各种算力和算法的同时,推动形成新的算力和算法,以广域协同计算平台为支撑,自动调度和配置算力资源,实现对任务的快速求解。

作为一个新生事物,智能计算正在反复论证和迭代中螺旋上升。在过去五年里,我们统筹运用智能技术和计算技术,对智能计算的理论方法、软硬件架构体系、技术应用支撑等进行了系统性、变革性探索,取得了阶段性进展,积累了一些理论思考和实践经验,得到三点重要体悟。

(1)智能计算的发展需要构建新的技术体系。随着计算场景与计算架构变得更加复杂多元,任何一种单一计算方式都会遇到应用系统无法兼容及执行效率不高的问题,推动计算资源和计算模式的广域协同能够同时满足算力和能效的要求。通过存算一体、异构融合、广域协同等新型智能计算架构构建智能计算技术体系,借助广域协同的多元算力融合,能够更好地实现算力按需定义和高效聚合。

(2)智能计算的发展将带来新的科技创新范式。智能计算所带来的澎湃算力在科研上的应用将支撑宽口径多学科融合交叉,为变革科技创新的组织模式、形成社会化大协同的创新形态提供重要支撑。智能计算所带来的先进算法将有助于自主智能无人系统突破未知场景理解、多维时空信息融合感知、任务理解和决策、多智能体协同等关键技术,为孕育和孵化未来产业、实现"机器换人"、驱动产业升级提供新的可能性。

(3)智能计算的发展将推动社会治理发生根本性变革。智能感知所带来的海量数据与智能计算的实时大数据处理能力,将为社会治理提供新方法、新工具、新手段。依托智能计算的复杂问题预测分析求解能力,实现对公共信息和变化脉络的深入理解和敏锐感知,形成社会治理整体设计方案和成套应用技术方案,有力推动社会治理从经验应对向科学决策的跃迁。

　　站在信息产业由爆发式增长转向系统化精进的重要关口,智能计算未来的发展仍然面临着算力需求巨量化、算力价值多元化、智能计算系统重构化、智能计算标准规范化等多重挑战。在之江实验室成立五周年之际,我们以丛书的形式回顾和总结之江实验室在智能计算方面的思考、探索和实践,以期在更大范围内凝聚共识,与社会各界一道,利用智能计算技术,服务我国社会经济高质量发展。

　　我也借着本丛书出版的契机,感谢国家、浙江省及国内外同行对之江实验室在智能计算领域探索的大力支持,感谢各位专家和同事的辛勤工作。

朱世强

2022 年 9 月 6 日

前　言

　　天文学是研究宇宙的观测学科,是当前物理科学领域无可争议的热点前沿,是基础学科发展的引擎之一。过去五年的诺贝尔物理学奖曾两次授予天文学相关成果。特别是在射电天文学领域,产生了一系列划时代的科学与技术成果,如射电阵列综合孔径技术、脉冲中子星发现等。

　　天文观测的进步依赖于望远镜等设备和处理技术的进步,不断寻求在更高测量精度上揭示天体系统的运动规律、物理性质和演化规律。天文学是尖端科技与学科交叉应用的前沿,是一个国家科技水平的集中体现。尤其在射电天文学领域,近年来空间分辨率、灵敏度、采样率和接收波长等望远镜核心性能指标巨大提升,辅以前沿的计算技术,可以达成高时频的宇宙信号采样,带来历史性机遇。

　　高采样设备在极大地促进天文学发展的同时,也面临着巨大的计算挑战。近年来,智能计算技术在计算机科学、无线通信、机器人、制药学、生物学等多学科中的成功应用,让天文学界普遍意识到,智能计算技术能够基于大规模天文历史数据和不断产生的增量数据,实现大规模巡天时代下海量天文观测数据的智能化数据挖掘与寻星。目前,智能计算技术已携手我国500米口径球面射电望远镜(FAST)在快速射电暴搜索、数字终端、计算方法、可视化及共享平台等方面取得了一系列重大研究成果。

　　之江实验室以打造国家战略科技力量为目标,积极布局计算天文学研究,依托现有面向智能计算与重大前沿基础研究的科研攻关团队,立足于拥有充足算力算法资源的数据反应堆平台,基于数据挖掘、机器学习、先进计算等现代智能计算技术,联合国家天文台,共同实现融合、突破、解锁"卡脖子"的全链条、高质量的计算天文学研究。之江实验室面向基础科学前沿,依托国家大科学装置FAST,深度、智能挖掘数据,推动宇宙探测的"时间"前沿,在脉冲星、快速射电暴和分子谱线探测等方向获得新发现。同时构建天文大数据服务平台,服务国内国际社群,辐射影响学术和工业界,为我国天文学发展做出应有之贡献。

本书针对目前射电天文学领域,尤其是人工智能寻星、天文信息学、射电望远镜终端设备等领域,对精确化探索宇宙背景下巡天大数据时代的研究现状进行阐述,并基于此探讨技术路线与发展趋势,详细论述当前面临的重大挑战和机遇;最后,介绍之江实验室即将部署的计算天文学方向的研究工作。期待通过对现有技术研究和应用案例的综述,为未来有志从事计算天文学研究的专家、学者、业界同行等提供参考,共同促进现代天文学的发展。

由于时间和能力所限,本节内容难免存在疏漏,烦请不吝指正。

编　者

2022 年 9 月

目　录

1　背景篇

　　就本质来说,天文学是一门观测学科。天文学中的发现和研究成果都离不开天文观测工具。肉眼是最古老的观测仪器,当人类第一次仰望星空时,最早的天文观测就已经开始。进入 21 世纪后,天文观测与计算设备得到了跨越式发展,尤其是计算机被发明以后,计算机仿真与数据密集型研究开始逐步被引入天文学领域,并且以射电望远镜接收机数据实时处理为代表的天文学研究对高性能计算的需求也日益增强。本章主要介绍智能计算在天文学领域中的发展现状和技术路线,以及计算天文学数字反应堆的现状。

1.1　计算天文学

1.1.1　产生背景

　　"存在外星人吗?""如何联系外星人?"等诸多有关地外文明的问题一直深深吸引着人类。天文学是一门有趣但极其困难的学科,并且听上去似乎离普通人非常遥远。然而,随着分布式计算被应用于天文学中,天文爱好者在家就可以通过共享自己的计算机加入天文探究中。早在 1995年,天文学家赛斯·肖斯塔克(Seth Shostak)就倡议充分利用全球闲置的联网计算机资源,构成一个超大型的分布式虚拟超级计算机来共同完成地外文明的搜寻(Search for Extra-Terrestrial Intelligence,SETI)[1]。1999 年,美国加利福尼亚大学伯克利分校创立了 SETI@home 项目[2],其中心平台位于伯克利空间科学实验室,志愿者可通过 BOINC 软件在计算机处于屏幕保护状态时下载并分析阿雷西博(Arecibo)射电望远镜的数据,以探寻地外文明存在的痕迹。至 2005 年,已经有 226 个国家和地区、超过 500 万计算机参与到这一项目中。SETI@home 项目所提供的计算能力远超全球任何一台超级计算机。SETI@home 是面临超大规模天文数据时,天文学与计算科学一次成功的交叉学科探索研究,有效促进了天文探索工程。同时,其也是一次极其成功的分布式计算试验项目,有力促进了计算科学的发展,为其他分布式计算应用提供了宝贵经验。如分布式分析计算蛋白质内部结构的 Folding@home 项目[3]、探究艾滋病病因和制药的 FightAIDS@home 工程[4]等。可以说,从 SETI@home 来看,天文学与计算科学互相融合非常成功,具有"1+1>2"的效果。

天文学的发展始终随着观测技术的进步而不断进步,一系列交叉领域的应用推动了高水平望远镜和观测仪器的研制。同时随着计算机和信息技术发展带来的数字处理系统能力的进步,望远镜产生的数据量也呈现出指数级增长。

哈勃空间望远镜的成功发射,让观测场所从地面发展到太空,观测窗口也从传统的可见光波段转向多波段观测,天文学逐渐发展至全波段阶段。随着多目标、多光纤望远镜的出现,天文学又由定点观测发展为巡天观测,天文学巡天时代已经到来[5]。

每一代天文台的灵敏度通常是上一代的 10 倍。哈勃太空望远镜自 1990 年开始运行,已经完成了超过 130 万次观测,每周传输大约 20GB 的原始数据。而位于智利的阿塔卡马大型毫米阵列(Atacama Large Milli-meter Array,ALMA),现在预计每天新增 2TB 的观测数据。根据表 1-1 中现代部分望远镜的数据产生率推算,就大型综合巡天望远镜(Large Synoptic Survey Telescope,LSST)和平方公里阵列望远镜(Square Kilometer Array，SKA)等大型巡天项目来说,前者的目录数据预计 10 年内将超过 15PB,而后者完工时将会成为世界上最灵敏的射电望远镜,预计在一年时间内的数据量就会超过全球互联网数据的总和。未来大型综合巡天望远镜数据量很可能达到空前的 200PB。上述达到 PB 甚至 EB 量级的天文大数据,无疑将会使天文学进入全新的数据密集型时代[5]。

表 1-1　现代部分望远镜数据产生率[6-7]

项目名称	波段	开始运行时间	数据产生率/(GB·s⁻¹)
LSST	光学	2018 年	0.3
SKA	射电	2014 年	2
低频射电阵	射电	2013 年	50～200
FAST	射电	2016 年	6
SKA	射电	建设中	2500～25000

除去超大规模的天文数据量之外,未来天文学对于高性能计算的需求也十分迫切,通常需要用到超级计算机。如我国自主开发的天文模拟软件 PHoToNs[8],基于“元”级超级计算机实现,采取了混合架构加异构运算,总计算能力为 303.4TFLOPS(floating-point operations per second,FLOPS 每秒浮点操作数)。又如基于“神威·太湖之光”的 6400 亿粒子的宇宙学模拟 SwPHoToNs,可保持 29.44PFLOPS 的计算速度,共包含 40960 个 SW26010 处理器[9]。中国科学院的金钟等专家指出,高性能计算必将是未来前沿基础科学研究中取得重大科学发现的必要支撑[6]。

传统的基本编程加人工的天文数据处理已经完全无法适应如此巨大的数据规模。幸运的是,过去几十年间,以人工智能为代表的智能计算技术飞速发展,越来越多的天文学者开始把智能计算技术应用到天文研究中。

天文学的发展已经进入了应用巡天大数据的黄金时代,但如何处理这些数据,给科学家们带来了考验。图像需要自动处理,这意味着数据需要被简化,或者转换成最终结果。新的天文台正在突破计算能力的极限,要求设备每天能够处理数百 TB 数据。此外,如何从海量的新数据中提取出有效的信息和科学的结论,也给科研人员带来了挑战。分布式储存和高性能计算为应对海量天文数据的复杂性、不规则的存储和计算起到重要推动作用,为一些传统手段无法解决的问题给出了新的方案。天文学的研究比以往任何时候都更需要与多学科领域交叉融合,可以说,天文大数据已经进入大规模计算时代。随着计算机的计算性能飞跃式发展,利用高性能计算软硬件设备进行数值模拟或实时数据处理,也在天文学研究中发挥着越来越重要的作用。正是在这种背景之下,基于最新智能计算技术的计算天文研究应运而生。

1.1.2 技术体系

早在 2010 年左右,科学家已经意识到天文学在某种意义上已经成为数据驱动的一门科学,越来越需要把计算学方法应用到其中,以实现从海量天文观测数据中挖掘新天文现象和规律。在 2010 年美国加州理工学院召开的首届天文信息学研讨会上,这种数据密集型的天文科学研究新模式被称为天文信息学(astroinformatics),研究范围包含数据模型、数据转换、数据索引、信息提取、天文分类、天文本体论等[7]。天文信息学的发展正在推动 21 世纪天文学由发现驱动和假设驱动到数据驱动和计算驱动的科学转型,数据密集型天文学研究方式已开启[5]。

以国家天文台为首的中国天文学界也适时提出了中国虚拟天文台(China virtual observatory,China-VO)的构想,拟将先进的信息技术服务于天文探索。早在 2006 年,中国科学院和国家自然科学基金委员会就把"海量天文数据存储、计算、贡献及虚拟天文台技术"列为重点支持的方向。2011 年,天文信息技术被国家天文台作为研究生招录的方向。2013 年,国家自然科学基金委员会进一步明确资助方向包括"海量天文数据存储与共享、数据挖掘、高性能计算等"。

近年来,计算天文学主要技术路线及其典型应用如图 1-1 所示,包括基于人工智能、基于高性能计算和基于数据处理的天文学三大研究方向。

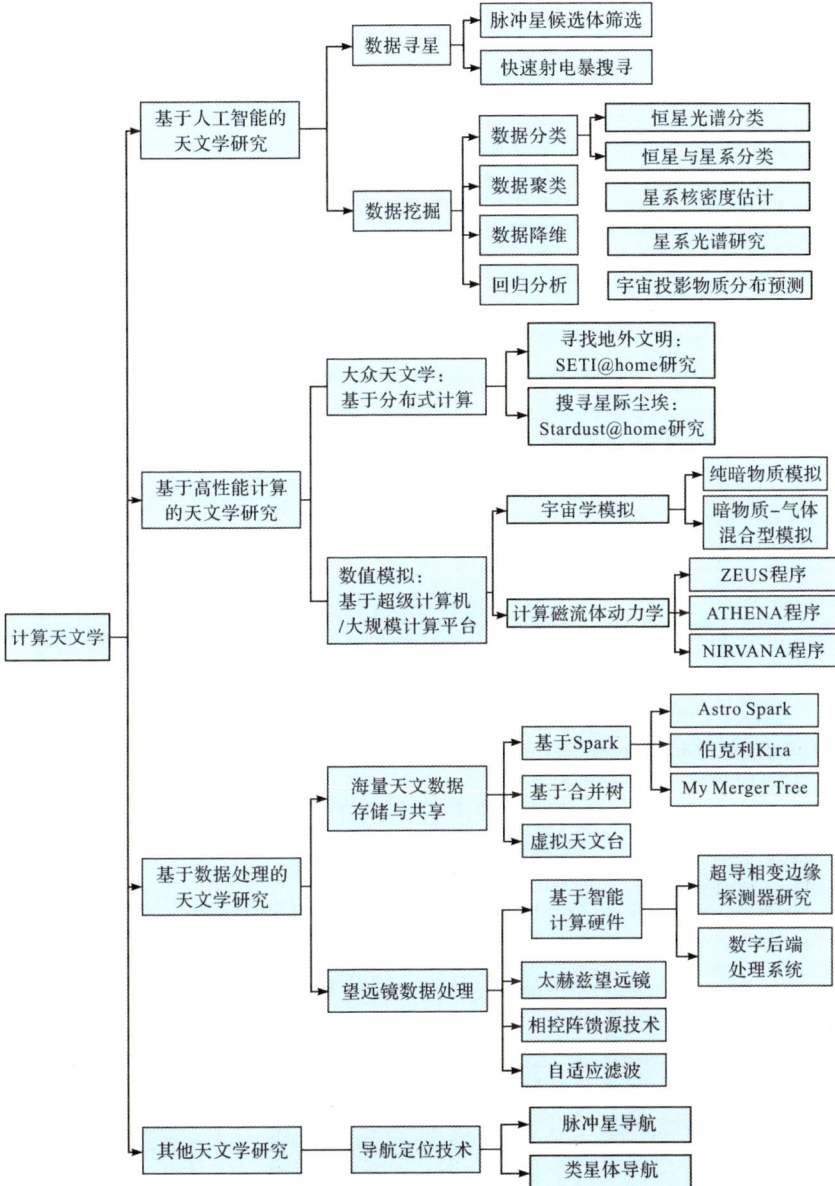

图 1-1　计算天文学主要技术路线及其典型应用

随着天文观测技术和设备的不断提升,天文数据量和复杂性都呈爆炸式增长,以天文信息学为代表的结合机器学习和人工智能技术的天文学研究工作蓬勃发展,传统的人工和半自动天文数据分析技术逐步被淘汰,基于海量天文观测数据进行自动化智能数据分析逐步成为天文学界的热点。因此,更快速、高效的自动化处理方法应运而生。自动化搜寻主要基于机器学习的方法,智能筛选脉冲星候选体、快速射电暴(fast radio burst,FRB)等。以神经网络、随机森林、支持向量机等机器学习技术为代表的数据挖掘技术也都开始应用于其中,并发挥积极的作用。

案例一:机器学习在天文学中的应用

早期星系分类主要依托人工进行。受限于巨大的计算量,2007 年,牛津大学、朴次茅斯大学、约翰·霍普金斯大学等研究机构开展星系动物园(Galaxy Zoo 2)项目,这是邀请公众协助的志愿者科学计划,目的是为超过 100 万个星系进行分类,如图 1-2 所示。

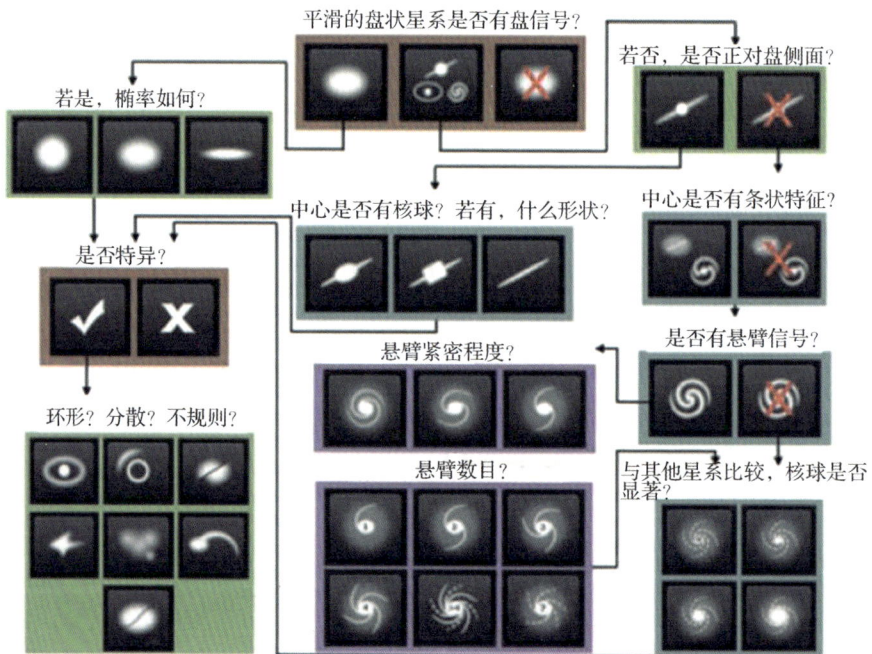

图 1-2　Galaxy Zoo 2 决策树[12]

Galaxy Zoo 2 决策树项目得到了热烈响应,最终 10 万名志愿者花了 175 天完成了 4000 万个星系分类,其中一个星系被平均分类了 38 次。然而,随着天文望远镜的迅速发展,面对未来海量的星系图像数据,Galaxy Zoo 2 将不再适用,使用基于机器学习的人工智能进行星系形态分类已经成为学界的共识。

天文学家主要应用机器学习解决海量天文数据寻星、分类、回归、聚类、降维等,成功案例包括星系形状分类(图 1-3)、机器学习算法生成的仿真星系图像与真实图像的对比(图 1-4)以及基于机器学习依据宇宙中的投影物质分布对宇宙学参数进行回归预测(图 1-5)。

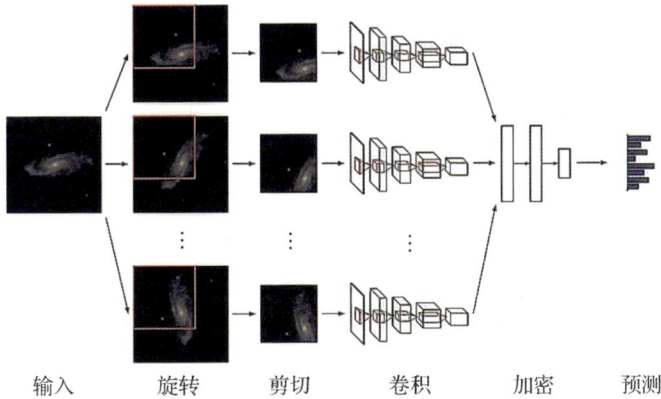

| 输入 | 旋转 | 剪切 | 卷积 | 加密 | 预测 |

图 1-3　星系形状分类[13]

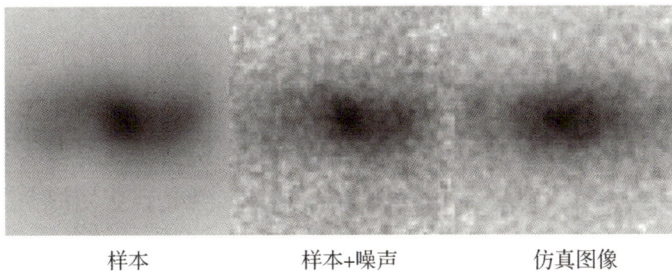

| 样本 | 样本+噪声 | 仿真图像 |

图 1-4　机器学习算法生成的仿真星系图像与真实图像的对比[14]

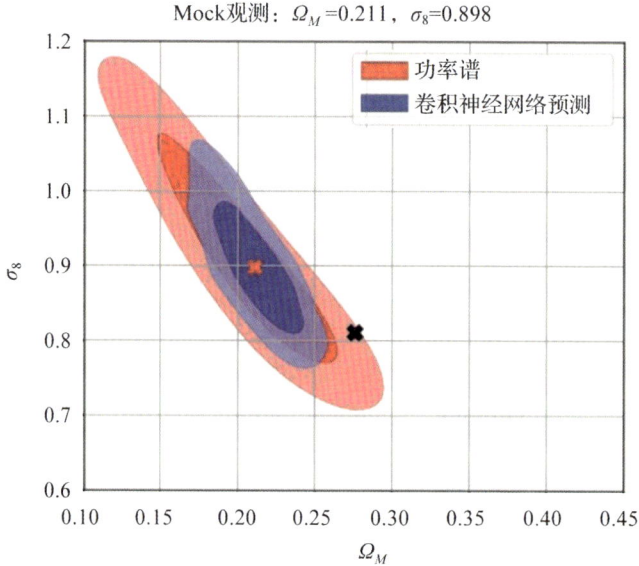

图 1-5　基于机器学习依据宇宙中的投影物质分布对宇宙学参数进行回归预测[13]

　　国家天文台的李楠认为,机器学习在解决天体物理学问题上具有以下优点:①覆盖范围广,普适性好;②数据驱动,上限明显高于传统方法;③开发难度低,移植性好。这些优点使得机器学习的方法在天体物理,尤其是大数据时代的天体物理中越来越流行,几乎在各个天体物理学领域甚至各个科学领域都能看到其身影。

　　海量天文数据的计算问题依托两种不同的思路展开。一种是大众天文学(people's astronomy)思路:进行分布式计算,通过充分利用志愿者电脑中闲置的计算资源来处理服务器发送来的数据,有效地作为超级计算机的补充。目前已经开展的成功案例有 SETI@ home、Stardust@ home[14]等。这类研究的特点在于需要分析的数据可以被分解为很多小的数据包,这些相互独立的数据包可以同时被处理。另一种思路则是直接依托日益强大的超级计算机或计算集群。这个方法目前广泛应用在天文数值模拟中,包括宇宙学模拟、计算磁流体动力学、数值相对论等研究领域。

案例二：基于分布式的志愿者计算计划

需要什么样的人去探测宇宙引力波或是地外文明呢？如果你的答案是只有天文学家或数学家，那就错了。志愿者计算计划使任何用户都可以参与到天文研究中。所谓志愿者计算，就是志愿者捐赠自己计算机的闲余计算能力为大型技术项目完成计算任务做出贡献。

一个典型的例子是 SETI@home 项目。SETI@home 的主管大卫·安德森（David Anderson）说："志愿者计算的潜在力量可以通过类似于集群、网格和云计算达到超越几个数量级的能力。"事实上，在 2010 年时，20万的 SETI@home 用户就提供了多达 450TFLOPS 的计算能力。

另一个具有代表性的互联网天文学公众科学项目是 Stardust@home，它的目的在于让世界各地的用户主动参与寻找从太空带回地球的星际尘埃[13]。

1999 年，美国国家航空航天局（NASA）启动的"星尘号"任务，在2004 年飞越维尔特二号彗星，捕获了彗星和星际尘埃颗粒，需要将它们提取出来以获取恒星演变和了解太阳系的线索。然而，据加利福尼亚大学伯克利分校的 Stardust@home 项目主管安德鲁·斯特浮（Andrew Westphal）透露，他们的研究小组没有足够的人力可以有效地从大量数据中找到这些颗粒。尽管志愿者未受过专门的训练，但可以在他们准确率的等级上进行校准，效率可占项目的 90%。

案例三：宇宙学模拟

美国麻省理工学院的 Vogelsberger 等人[15]在 2020 年的综述文章中总结了近年来比较有影响力的宇宙学数值模拟的工作，可分为纯暗物质 N 体数值模拟及加入了重子物质的数值模拟两大类，并可在这两类基础上细化为 Large-volume 模拟和 Zoom-in 模拟，如图 1-6 所示。2002 年起，国外先后完成了千禧年模拟、老鹰模拟、IllustriusTNG50 模拟等。

20 世纪末，我国的宇宙学数值模拟研究开始起步。2000 年，上海天文台团队率先开展了 N 体数值模拟研究，并完成了边长为 4.7 亿光年、包含约 1.3 亿个暗物质粒子的模拟，其分辨率是当时世界范围内宇宙学数值模拟中最高的。

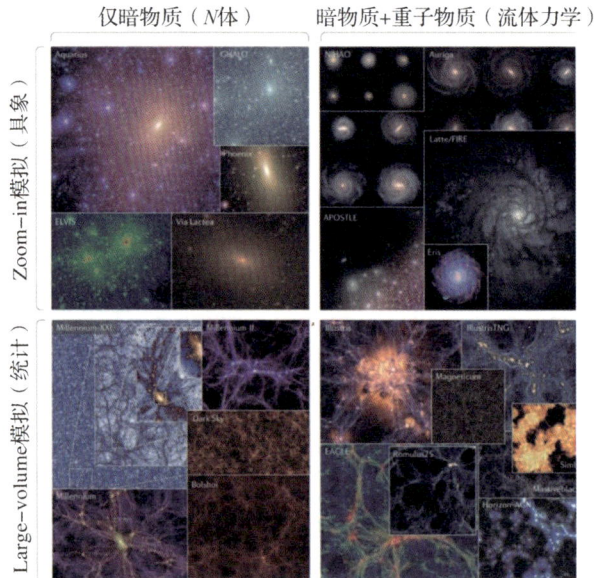

图 1-6　一些选定的结构和星系形成模拟的视觉表示[15]

2009 年,国家天文台团队就高精度星系团展开模拟探索,并命名为"凤凰"(Phoenix)。凤凰模拟具有高达千万量级的单星系团粒子数,其模拟精度处于同类型模拟的世界先进水平。此外,基于 WIGEON 程序,紫金山天文台团队开展了我国早期流体数值模拟,但受限于当时的条件,并没有包含星系形成等重要物理过程。

为更好地推进我国大型宇宙学数值模拟,国家天文台、上海天文台、紫金山天文台、中国科学院计算机网络信息中心的诸多学者于 2010 年发起一个合作研究团队——中国计算宇宙学联盟(Computational Cosmology Consortium of China,C4),实施"盘古计划"大型宇宙学模拟。盘古计划基于 CDM(冷暗物质)模型,采用中国科学院超级计算中心的联想深腾 7000 超级计算机作为高性能计算平台,再现了边长约 45 亿光年的宇宙区域内暗物质分布的演变,细致解析暗物质和暗能量主导的宇宙中的结构形成。此乃当时同等尺度上规模最大、精度最高的宇宙学模拟。

随后，我国陆续开展了 ELUCID 模拟、Cosmo-π 模拟、NIHAO 模拟等。2015 年，北京师范大学张同杰团队[16]基于 P2P 和 PM 的耦合算法在"天河二号"超级计算机平台上开发了 TianNu 软件，成功对 3 万亿粒子数的中微子和暗物质的宇宙学 N 体问题进行模拟。该研究成果[17]发表在《自然·天文学》(*Nature Astronomy*)杂志上，揭示了宇宙大爆炸 1600 万年后至今的 137 亿年的演化进程，探讨了有质量中微子的宇宙学性质，引起了天文学界的高度关注。

随着观测设备的飞速发展，海量天文数据的处理亦是一个重要的研究课题。从研究目标上看，其可以划分为数据存储和望远镜后端数据处理。对于数据存储而言，天文数据通常具有非结构化、半结构化、结构化数据并存，多模式，空间性等特点，在光谱数据上会呈现出高维度，在图像数据上呈现高分辨率和多尺度的特征，实现高效快速查询具有一定的难度。同时，随着射电天文学的飞速发展，射电研究对高带宽、高频率、高时间分辨率和高实时数据处理能力的需求越来越迫切。传统的自相关频谱仪和声光频谱仪已经难以满足这一需求，因此近年来广大学者开始运用智能硬件设备进行高通量的数字后端处理，以实现数字信号的实时处理。

案例四：虚拟天文台

也许未来的某一天，不会再有天文学家在黑暗寒冷的夜空下手动调节望远镜，仅仅需要点击几下鼠标，即可获取所期望的观测数据。这就是虚拟天文台(virtual observatory，VO)，由虚拟的数字天空、虚拟的天文望远镜和虚拟的探测设备所组成。虚拟天文台通过利用观测得到的数据，结合先进的计算机和信息技术，以统一的服务模式汇集成一个物理上分散、逻辑上统一的系统[18]。

2002 年 6 月，在全球天文学家的共同努力下，打造了标准的 VO 平台，给出了天文数据的标准化生成、发布、访问的流程。通过 VO 平台，全球天文数据库系统间的访问标准得以统一，促进了交叉认证技术的发展。全世界诸多天文平台支持 VO 标准，并提供了标准化的接口。自 2002 年起，国家天文台开始布局天文信息技术，在天文超级计算、数据库、网格技术等领域做出了诸多贡献,相关成果已经支撑了多项大科学装置。

我国当前的虚拟天文台包括数据库工具、数据融合工具和整合工具、交叉认证工具、数据分析挖掘和可视化工具、光谱相关工具、测红移工具等。

1.2　计算天文数字反应堆

数字反应堆是基于智能计算的全新科学装置,可在智能化数字反应堆引擎推动下,为不同的计算任务调度最优计算资源,适配最佳计算方法,形成最优结果。该装置的建成将为数据密集型的天文研究提供新方法、新工具、新手段。

1.2.1　科学范式变革

1962 年,美国著名科学哲学家托马斯·库恩(Thomas Kuhn)在其代表作《科学革命的结构》(*The Structure of the Scientific Revolution*)中提出了科学范式的概念,具体定义为:"那些被观察和被检查的、那些会被提出的相关问题以及其希望被解答的问题如何组织、科学结论如何被解释。"[20]武汉大学邓仲华教授的说法则是:"科学研究范式是指关于研究的一系列基本观念,主要包含存有论问题、认识论问题和方法论问题。其中,存有论问题解释实在的本质到底如何;认识论问题解释知识的本质到底如何;方法论问题解释如何获得知识。"[19]2009 年,微软基于这一论断,在《第四范式:数据密集型科学发现》(*The Fourth Paradigm:Data Intensive Scientific Discovery*)一书中重点论述了目前的数据密集型科学范式,引起了学术界和工业界的广泛关注与讨论[20]。

天文学的发展历经了经典的四个科学研究范式。

第一范式阶段(实验科学):天体测量学阶段。

第二范式阶段(归纳总结):天体力学和天体物理学阶段。

第三范式阶段(计算机仿真):20 世纪后,以宇宙学模拟为代表。

第四范式阶段(数据密集型研究):20 世纪后,以天文大数据处理为代表。

在数据密集型的第四范式的天文学研究中,天文学已经开始与其他学科初步交叉。天文统计学是一门探讨如何从不完整的信息中获取科学可靠的结论,从而进一步进行天文学研究的设计、取样、分析、资料整理与推论的学科。它是天文学、天体物理学与统计学相结合形成的一门新兴学科,应用统计学的理论和方法解决天文学中面临的一切统计学问题[5]。计算天文学的基础是天文信息学,是运用智能计算技术研究天文信息的获取、处理、存储、传输、分析、挖掘和解释等方面的学科。它是天文学、天体物理学、计算机科学、工程学和信息学相结合的一门新兴学科,通过多学科交叉融合,运用人工智能和高性能计算方法,揭示大量复杂的天文数据所赋有的宇宙和天体的奥秘,应对下一代望远镜产生的按指数增长的数据量、数据产出率和数据复杂性而面临的挑战与机遇。

这种超乎想象的超大规模数据的爆炸式增长,不断挑战传统的研究方法、科学范式以及人们的认知。同时,如何从浩瀚的数据中快速发现新知识或生成新信息,也给计算科学带来了巨大的挑战。软硬件不能满足数据密集型计算需求的大数据应用是对大数据技术目标的严重偏离。如何有效处理和分析天文数据是一项基础性工作,也是一项重要的科学工作,是现代天文测量的必然要求。

因此,迫切需要天文学家与计算科学家展开广泛而深入的合作,寻求在交叉领域"1+1>2"的创新突破。智能计算是未来人工智能和信息科学的重要发展方向,有望解决复杂科学研究和工程中的问题。通过将智能计算与基础学科交叉实现科学范式变革、行业转型升级已经被越来越多的学者和企业所认同,我们相信智能计算有望提供解决天文数据分析挑战的强大工具。

简单将智能计算与天文学堆砌在一起,难以应对持续增长的超大规模天文大数据,因此,必须将两者深度融合,使其由量变引发质变,发生聚变反应。这种智能计算加天文学融合的研究范式,从某种意义上说,已经颠覆了传统的研究方式,必将带来一场科学革命。从这个角度而言,目前的科学范式正在发生动摇,一种新型科学范式正在酝酿之中。

当前计算天文研究总体来说仍处于起步阶段,并正进入发展的黄金期,在未来仍有巨大的发展空间和诸多亟待解决的重大科学问题。面对这一历史性机遇,我国必须继续加快计算天文学研究,建立最先进的智能计算赋能天文技术体系,争取取得划时代的科学及技术成果,建成天文强国。

1.2.2 数字反应堆构建

之江实验室计算天文学数字反应堆,构建在适应超大规模数据计算的底层软硬件容器上,以天文巡天大数据为反应物,人工智能、高性能计算为代表的智能计算为催化剂,促进跨学科融合的天文探索研究。

鉴于目前计算天文学仍处于发展期,基于人工智能的天文巡天数据寻星和高性能计算下巡天数据实时处理为计算天文数字反应堆的主要研究内容。

需要注意的是,智能计算通常作为催化剂存在,是促进天文探索的工具,而不是其本身的目标。这将要求智能计算的专家们要对天文数据处理分析有充分的了解;同时,天文学家需要认识到智能计算方法是协助他们解决科学问题的重要支撑。近年来,应用智能计算解决天文学问题已成为计算机领域的热门课题,天文学领域也有越来越多的学者开始进行智能计算与天文学的跨学科研究。例如,NASA 的 Graff 等人[21]基于深度神经网络给出针对暗物质图、伽马射线暴识别和星系图像压缩的工具包,从而生成由于引力透镜效应而产生的扭曲星系图像以研究暗物质。

基于超大规模巡天数据的天文探索给当今的天文物理学带来了全新挑战。如今,天文学的发展进入精确化时代,我们不仅能够从大规模巡天数据中发现新的天文现象,还能从历史数据中挖掘出诸多已知天文现象的更精确信息,甚至可以基于高性能计算进行天文理论的高精度仿真验证,这无疑将会帮助我们更好地理解和发展天文学。未来十年,随着众多大规模巡天观测项目的运行使用,以及高性能计算软硬件技术的继续发展,蓬勃发展的计算天文学将会进一步加深我们关于宇宙的理解和认知,一场新的科学革命也许就将到来。

参考文献

[1]Shostak G S. Progress in the search for extraterrestrial life[C]//Progress in the Search for Extraterrestrial Life,1995,74.

[2]Internet-connected computers in the Search for Extraterrestrial Intelligence(SETI)[EB/OL].(1999-05-17)[2022-03-18].https://setiathome.berkeley.edu.

[3]Folding@home[EB/OL].(2000-10-01)[2022-03-18].https://foldingathome.org/?lng=zh.

[4]Fightaids@home phase 2[EB/OL].(2005-11-19)[2022-03-18].https://fightaidsathome2.cst.temple.edu/♯info-bedam.

[5]张彦霞,崔辰州,赵永恒.21 世纪天文学面临的大数据和研究范式转型[J].大数据,2016,2(6):65-74.

[6]金钟,陆忠华,李会元,等.高性能计算之源起——科学计算的应用现状及发展思考[J].中国科学院院刊,2019,34(6):625-639.

[7]崔辰州,薛艳杰,李建,等.虚拟天文台——天文学研究的科研信息化环境[J].中国科学院院刊,2013,28(4):511-518.

[8]Wang Q. A hybrid fast multipole method for cosmological N-body simulations[J].Research in Astronomy and Astrophysics,2021,21(1):3.

[9]刘旭,张曦煌,刘钊,等.基于神威太湖之光的宇宙学多体模拟[J].计算机工程,2020,46(9):41-49.

[10]Willett K W,Lintott C J,Bamford S P,et al. Galaxy Zoo 2:Detailed morphological classifications for 304 122 galaxies from the Sloan Digital Sky Survey[J]. Monthly Notices of the Royal Astronomical Society,2013,435(4):2835-2860.

[11]Dieleman S,Willett K W,Dambre J. Rotation-invariant convolutional networks for galaxy morphology prediction[J]. Monthly Notices of the Royal Astronomical Society,2015,450(2):1441-1459.

[12]Ravanbakhsh S,Lanusse F,Mandelbaum R,et al. Enabling dark energy science with deep generative models of galaxy images[C]//Proceedings of the AAAI Confer-

ence on Artificial Intelligence,2017,31(1).

[13]Fluri J，Kacprzak T，Refregier A，et al. Cosmological constraints from noisy convergence maps through deep learning[J]. Physical Review D,2018,98(12):1-16.

[14]Stardust@home[EB/OL]. (2006-01-15)[2022-03-18]. https://www.nasa.gov/content/stardusthome-0.

[15]Vogelsberger M，Marinacci F，Torrey P，et al. Cosmological simulations of galaxy formation[J]. Nature Reviews Physics,2020,2(1):42-66.

[16]Yu H R，Emberson J D，Inman D，et al. Differential neutrino condensation onto cosmic structure[J]. Nature Astronomy,2017,1(7):1-5.

[17]许允飞,樊东卫,崔辰州,等.中国虚拟天文台的核心功能需求调查分析[J].天文研究与技术,2020,17(1):111-120.

[18]库恩.科学革命的结构[M].上海:上海科学技术出版社,1980.

[19]邓仲华,李志芳.科学研究范式的演化——大数据时代的科学研究第四范式[J].情报资料工作,2013,4:19-23.

[20]Hey T，Tansley S，Tolle K. The Fourth Paradigm[M]. Hoboken：Microsoft Press，2009.

[21]Graff P，Feroz F，Hobson M P，et al. SKYNET：An efficient and robust neural network training tool for machine learning in astronomy[J]. Monthly Notices of the Royal Astronomical Society,2014,441(2):1741-1759.

2 现状篇

近年来，人工智能技术有效帮助天文学家解决了大规模巡天数据的处理，被广泛应用于脉冲星候选体筛选、快速射电暴筛选、连续谱扫描成像等诸多领域，取得了辉煌的成果。同时，智能计算硬件的发展也有力促进了天文学的发展。此外，计算天文学中所涉及的技术也开始逐步从天文研究领域走向了行业应用，有效地促进了部分行业发展。本章将从基于人工智能的天文学研究、基于智能硬件的天文数据处理、导航定位等相关技术三个方向，选取若干案例介绍计算天文的科研成果和行业应用，回顾计算天文技术的研究现状。

2.1 基于人工智能的天文学研究

目前，以人工神经网络(artificial neural network，ANN)为代表的智能计算技术已经在天文学研究中得到了广泛应用。ANN 是一种受生物神经网络启发的计算模型，用于逼近一般非线性函数。ANN 是一种数据驱动的自适应计算智能技术。与其他参数模型不同，ANN 不必对数据的底层结构做出先验假设，也不需要先验知识。因此，与其他模型(如统计方法)相比，更易于理解和使用。ANN 可以用作模拟复杂物理过程的强大工具,因为它具有逼近任意非线性函数的能力。自从 1990 年天文学尝试应用 ANN 以来[1],它一直是天文学中使用最广泛和最著名的计算智能技术和机器学习模型[2]。如今,人工神经网络已成功应用于许多天文任务,包括且不限于星系形态分类、光度红移估算、恒星/星系分类、恒星分类、恒星大气参数估计、脉冲星候选识别等。

2.1.1 脉冲星候选体筛选

脉冲星专指具有 $10^7 \sim 10^{14}$ T 强磁场的快速自转中子星,是 20 世纪 60 年代天文的四大发现之一。一般来说,单脉冲搜索即可产生数百万级规模的脉冲星候选体,并且大多数都受到了射频干扰和噪声污染,难以使用简单的指标进行脉冲星的判别。如此大规模的数据,仅依靠相关领域专家进行人工数据处理极为困难,且耗时巨大。脉冲星候选体筛选先后经历了图形辅助工具、基于数据库网页前端、基于经验公式等方法[3]。近年来,随着以机器学习为代表的人工智能数据处理技术的日趋成熟,越来越多的研究人员开始应用机器学习技术进行脉冲星候选体筛选,基本架构如图 2-1 所示。

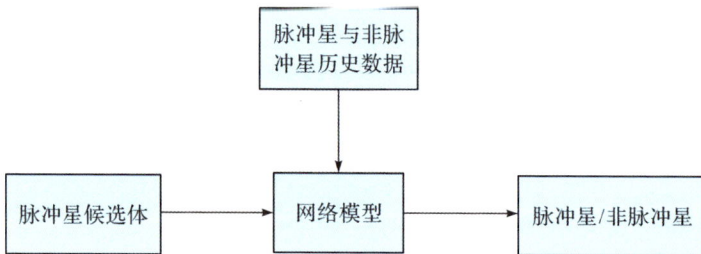

图 2-1　基于机器学习的脉冲星候选体筛选示意[4]

目前应用于脉冲星候选体筛选的机器学习算法主要有 ANN、支持向量机(SVM)、决策树、集成学习等。

英国曼彻斯特大学的 Eatough 团队[5]在 2010 年首先使用 ANN 进行脉冲星候选体的筛选,并在 Parkes 多波束脉冲星巡天(PMPS)数据集[6]上发现了一颗新脉冲星。该算法基于斯图加特(Stuttgart)神经网络模拟器(SNNS)[7],分别使用了 8∶8∶2 和 12∶12∶2 两种三层神经网络结构训练。输入参数分别为脉冲轮廓、脉冲轮廓宽度、色散量(DM)-信噪比(S/N)曲线的卡方拟合、$S/N>10$ 的 DM 实验次数、优化理论 DM-S/N 曲线的卡方拟合、理论加速 S/N 曲线的卡方拟合、$S/N>10$ 的加速实验次数、优化理论加速 S/N 曲线的卡方拟合、子带最大值中的均方根散射、子带间线性相关性、子积分最大值中的均方根散布、跨子积分的线性相关性,其中后四种只应用到 12∶12∶2 结构中。该算法的最终正确率为 92%(8∶8∶2)和 93%(12∶12∶2)。

Bates 等人[8]在此基础上,结合 Keith[9]的策略,进一步使用了 22 个候选体特征作为输入,基于 ANN 方法在高时间分辨率脉冲星巡天项目(High Time Resolution Universe Pulsar Survey,HTRU)数据集上进行脉冲星筛选。该方法在 HTRU 数据集上实现了 85% 召回率,假正例率为 1%,可帮助滤除约 99.7% 的数据。但需注意,该方法对于短周期的脉冲星识别效果一般,脉冲周期大于 100ms 的准确率约为 86.2%,小于 100ms 的为 71%。

不同于利用脉冲星候选体 DM、周期等物理特征或相关的统计特征作为输入的传统方法,加拿大不列颠哥伦比亚大学的朱炜玮团队[10]在阿雷西博 L 波段馈电阵列(PALFA)数据集上,基于深度神经网络(deep neural networks,DNN)进行脉冲星候选体特征图像识别新发现 6 颗脉冲星[11]。该方法被命名为脉冲星图像分类系统(pulsar image-based classification system,PICS)。由于该方法不是从传统的特征出发的,当训练集中的脉冲星具有多峰等脉冲形状时,可以较好地识别具有脉冲特征的脉冲星。尽管 PICS 的规模和复杂性较高,但因为其多数计算只是点积,主要计算已经在训练阶段完成,筛选过程相比于传统方法更为迅速。例如,一簇 2.7GHz 主频 24 核中央处理器(CPU)仅需耗时约 45min 便能完成 9 万颗脉冲星候选体的筛选。

澳大利亚斯威本科技大学 Morello 等人[12]在南部 HTRU 数据集上基于监督式的 ANN 提出了一种新型脉冲星候选体筛选策略(straightforward pulsar identification using neural networks，SPINN）。SPINN 方法采用了 6 个评价因子进行评分，识别准确率约为 95%，但仍存在不少漏检的脉冲星，需要人工处理。

除 ANN 算法以外，SVM、决策树等人工智能方法也大量运用于脉冲星研究中。例如，2016 年，美国西弗吉尼亚大学的 Devine 团队[13]基于 SVM 方法提出了第一种利用机器学习进行单脉冲搜索中脉冲星分类的方案。又如，来自英国的 Lyon 团队[14]利用决策树的方法进行脉冲星候选体筛选，成功地在低频阵列（LOFAR）全天巡天数据集（LOTAAS）上发现了 4 颗新脉冲星。该方法被命名为 GH-VFDT（gaussian hellinger very fast decision tree），可以较好地应对脉冲星候选体筛选中的类别不平衡问题，准确率超过 90%。

近年来，国内不少学者也围绕机器学习对脉冲星候选体筛选技术、方法进行了诸多研究。例如，2019 年湖南大学的康志伟团队[15]提出了一种基于自归一化神经网络的脉冲星候选体筛选方法，有效规避了 DNN 中梯度爆炸与消失的问题，在 HTRU1、HTRU2、LOTAAS1 三个数据集上提升了脉冲星搜索的效率。2021 年，中国科学院的刘晓飞等人[16]在 HTRU 数据集上设计了一个 14 层深的残差网络以实现快速高效脉冲星候选体筛选，在论文所选测试集上召回率、精确度、F1 分数分别为 100%、98%、99%，单样本的检测仅需 7ms。

随着机器学习在脉冲星筛选方面的应用不断成熟、FAST 射电望远镜的建成、国际合作项目平方公里射电阵列正在建设中，建立一套脉冲星、巡天数据可视化分析数据库与筛选系统的时机已经逐渐成熟。贵州师范大学贵州省信息与计算科学重点实验室、FAST 早期科学数据中心、国家天文台等机构联合建立了脉冲星数据比对分析和可视化系统[17]。该系统采用了结构化关系型数据库，高效存储、维护和检索大规模脉冲星数据，并且系统收录了 1967 年以来的 32 个巡天数据集以及 106 个未发表源，提供定制化的数据分析与脉冲星筛选工作，主要架构如图 2-2 所示。截至论文发表时，该脉冲星数据库（pulsar database，PSRDB）已成功应用于 FAST 脉冲星数据管理中，并收录新脉冲星 140 颗[18]。

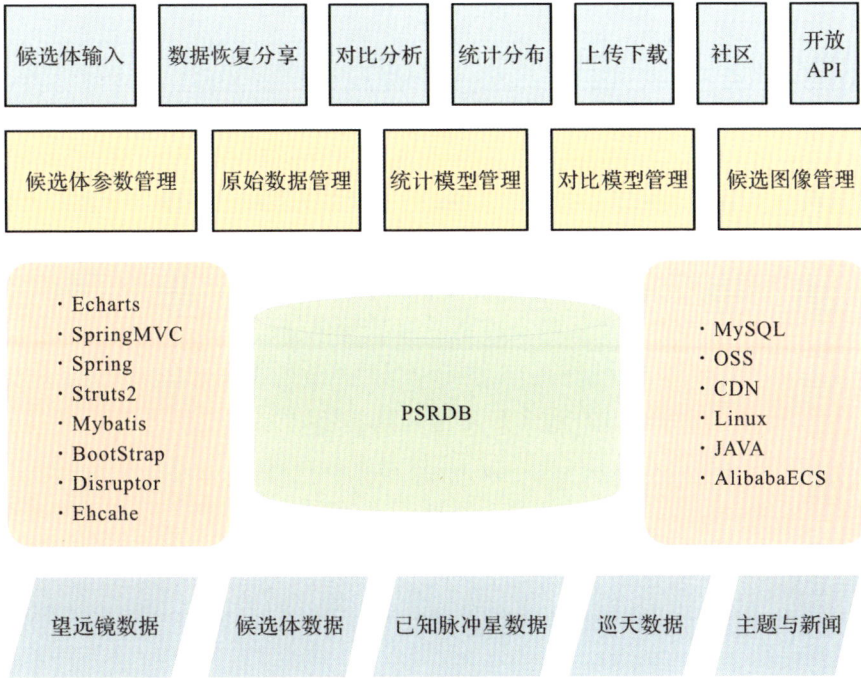

图 2-2 PSRDB 数据库整体架构[18]

北京师范大学的研究团队在经典 PICS 两层模型的基础上，提出了新型基于集成学习的脉冲星候选体筛选方法（PICS-ResNet）[11]。该方法用 ResNet 网络替换 CNN 分类器，分别用 SVM 识别一维子图、15 层残差网络进行二维子图识别。FAST 测试集的结果表明 PICS-ResNet 性能优异，如表 2-1 所示。值得注意的是，该模型下的 ResNet 网络是在开源机器学习平台（TensorFlow）上开发，可同时运用图形处理单元（graphics processing unit，GPU）和中央处理器进行计算。据测算，若在 24 核的双GPU 上运行，筛选候选体的速度可达 160 万个/天，表明智能计算技术可大幅提高脉冲星候选体的筛选速率。

表 2-1　FAST 超宽带测试集上的召回率表

模型	识别脉冲星数/颗	漏掉脉冲星数/颗	召回率/%
PICS	310	16	95
PICS-ResNet	320	6	98

事实上，随着 FAST 的投入运行，脉冲星巡天数据量已达 PB 量级，根据测算，每年度数据量为 5PB，而现有的脉冲星搜寻软件（PulsaR Exploration and Search TOolkit，PRESTO）等数据处理软件难以在如此大规模的数据下实现高效快速的反应，因此，提升大规模脉冲星巡天数据的快速处理和筛选能力也是基于机器学习脉冲星候选体筛选的重要挑战之一。2021 年，张辉、李菂等人[20]在 PRESTO 分布式算法的基础上，构建了一种面向 FAST 的 PB 量级脉冲星候选体筛选加速系统。该系统共包含了 154 个 CPU、288 块 GPU 显卡，针对 FAST 单个巡天数据文件处理耗时为 22s，已经辅助发现了数十颗脉冲星，将进一步支撑 FAST 未来进行的大规模巡天项目。

2.1.2　快速射电暴候选体筛选

快速射电暴是宇宙中的一种高能物理现象，其持续时间短，爆发能量大，是当前天文研究中的最热点之一。探测到更多快速射电暴事件，增加样本数量和观测细节，将为研究其起源和性质提供非常宝贵的信息和线索。目前在观测到的数百例快速射电暴爆发源中，大部分快速射电暴是一次性爆发的，仅有约 4% 呈现出重复爆发的现象，该类重复爆发的快速射电暴又称重复暴。

FAST 利用 19 波束进行漂移扫描，可同时进行多种科学目标观测，其中对快速射电暴的搜寻工作也是主要的科学目标之一。国家天文台的李菂团队基于 FAST 观测数据，长期进行快速射电暴的研究。目前已经在 FAST 巡天数据中成功地搜寻出 5 例具有低流量通量、高色散值特点的新快速射电暴。在 FAST 2019 年的数据中，团队成功搜索到了新重复暴（FRB190520），这是 FAST 发现的第一例新的重复暴源[21]。在 FAST

重大科学快速射电暴项目中,还成功地探测到来自多颗已知重复源(FRB190417、SGR1935+21、FRB180301等)多天多次的大量爆发样本。

鉴于快速射电暴具有复杂的时间—频率结构,搜索过程过于复杂,且目前使用的脉冲轮廓阈值探测算法对弱信号探测具有较高丢失率。李菂团队[22]提出利用二维傅里叶变换(2 dimension fast Fourier transform,2DFFT)对目前的搜寻算法进行改进升级。新的搜寻算法可以避免色散混叠效应,提高搜寻灵敏度,并且该算法本身有消除长时域和频域干扰信息(radio frequency interference,RFI)的优势,有利于提高搜寻效率。新搜寻算法较现有的传统消色散算法在速度上将有较大提升,其良好的并行性更适合实际搜寻软件的开发。为对应规模性的快速射电暴搜寻,该算法进行基于 NVIDIA Turing 架构的软件搭建,利用通用并行计算架构平台(CUDA)中的 2DFFT 库以及新架构灵活的多级缓存模式进行升级优化,最终将其应用到已有的搜寻流程中。根据 FRB 的搜寻参数,该团队还编写了一套基于脉冲星搜寻软件的离线搜寻流程,该流程可以调用 20台服务器同步搜寻,并采取了多波束候选体筛选方法以提高搜寻效率。

2.1.3 星体分类及其他方面的应用

恒星和星系分类是天文学中一个经久不衰的基本研究课题,并将为未来的大型巡天带来巨大挑战。恒星和星系分类的基本任务是基于光学和近红外图像将物体自动分类为恒星或星系。

早在 1992 年,ANN 就被应用于上述分类任务中[23]。随后,意大利的 Andreon 等人[24]提出了一种基于神经网络的恒星/星系分类器(neural extractor,NExt),通过对采集的图像进行有监督检测和聚类,实现恒星/星系分类。印度科钦科技大学的 Philip 等人[25]提出一种差异增强神经网络进行恒星/星系分类,相比于传统方法计算速度得到了提升。美国伊利诺伊大学厄巴纳-香槟分校的 Kim 团队[26]于 2015 年提出了一种恒星/星系分类的混合集成学习方法,包含了基于随机森林的有监督学习、基于自组织图和分层贝叶斯模板的拟合学习。英国伦敦大学学院的 Soumagnac 等人[27]基于暗能量巡天模拟研究了恒星/星系分类问题,探索了通过主成分分析减少 ANN 的输入参数,以提升纯形态分类器的性能。

值得注意的是,恒星/星系分类本质上是一个视觉二元分类问题。随着巡天数据集的不断发展,绝大多数新观测数据都没有标记,并且不可能通过人工去完成全部标记。如何利用这些未标定数据将是重要的挑战。从这个角度来说,基于无监督学习的恒星/星系分类策略在未来将发挥重要作用。此外,视觉分类问题完全可以利用计算机视觉的最新研究成果,如深度神经卷积网络[28]。

恒星的光谱类型同样具有重要的研究价值,可为恒星的物理参数和宇宙结构演化提供有价值的信息。恒星通常按照摩根基南系统进行分类[29],根据光谱分为 7 大类型,用字母 O、B、A、F、G、K 和 M 表示,每个大类再细分为 10 个亚型,用 0~9 的数字表示。恒星数据集不大时,可通过人工比较进行摩根基南恒星分类。随着天文数据量爆炸式的增长,这种传统的人工方式是极不现实的,急需依赖人工智能算法的自动化分类方案。

早在 1994 年,剑桥大学天文研究所就开始尝试恒星光谱的自动化分类[30],随后吸引了不少这一领域的学者参与。西班牙加那利群岛天体研究所的研究人员提出一种基于 ANN 的低信噪比恒星光谱自动分类策略,当信噪比≥20 时,分类偏差在 2 个光谱亚型之内,信噪比<20 时,仍然可进行恒星分类,但误差较大,并具备对发射线星等特殊来源的鉴别能力[31]。恒星光谱分类的前提是特征提取,最初多数是采用主成分分析(principal component analysis,PCA)策略,后来逐步开始运用非线性的方法。瑞士洛桑联邦理工学院的 Kuntzer 等人[32]提出一种先基于 PCA 降维的监督学习,然后利用 ANN 进行单波段成像的恒星分类方案,验证了直接从太空望远镜拍摄的天文图像数据中推断恒星光谱类别的可行性。美国华盛顿大学的 Daniel 等人[33]则应用局部线性嵌入方法对恒星光谱进行分类,该方案可避免进行特征提取。

该研究方向也吸引了广大国内学者的关注。例如:北京师范大学的邢飞等人[34]以 SVM 为基石构建恒星光谱识别器,实验结果表明,结合小波分析的策略要优于 PCA 降维的方案。北京理工大学的王珂等人[35]基于数据挖掘自动化处理,运用深度学习,提出了一种适用于光谱分类和缺陷光谱恢复的新型天文光谱自动特征提取方案,该方案的综合性能优越,计算成本显著低于其他算法。北京理工大学的郭平[36]基于最小描述长度原理,利用高斯分类器进行恒星分类。除了上面提到的应用之外,人工智能还被应用于许多其他的天文数据分析任务,如伽马射线暴的分类[37]、天文图像中的源检测[38]、太阳天文学[39]、行星的研究[40]、银河系的非恒星成分探索[41]等诸多领域。

2.2　基于智能计算硬件的天文数据处理研究

本节介绍三种射电天文相关的数字终端系统,分别应用目前射电天文终端的两大主流方向——联合现场可编程门阵列(field programmable gate array,FPGA)与 GPU 的处理架构以及密集型 FPGA 处理架构。前两种均是基于 FPGA 与 GPU 的异构架构体系,其中 FPGA 均可使用天文信号处理与电子学合作研究组织(collaboration for astronomy signal processing and electronics research,CASPER)研发的 ROACH Ⅱ 开发平台:TES 和 FAST。第三种是基于商用 FPGA 开发的应用于 FAST 的超宽带接收机。

2.2.1　基于 GPU 的超导相变边缘探测器研究

以 GPU、张量处理器(tensor processing unit,TPU)等为代表的新型处理器目前在智能计算领域有着广泛的应用,下面我们以 GPU 为代表介绍 XPU 新型处理器在天文学中的应用。GPU 是一种专门在计算平台上进行图形、图像相关运算工作的微处理器[42]。近年来,GPU 在工业界的应用越来越广,并逐渐在射电天文实时后端领域大放异彩。下面以其在 TES 中的应用为例,介绍其在天文大数据处理中的应用。

TES 是原初引力波探测中的重要组成部分,而受到历史条件的制约,我国尚缺乏大规模 TES 探测器阵列读出系统实际应用案例。目前,已有不少学者尝试联合 FPGA 与 GPU 的信号处理算法在 TES 的室温中读出信号,而非传统的仅基于 FPGA 的模式。

国家天文台的段然团队针对 TES 原初引力波室温读出系统的信号处理需求,基于 GPU、CUDA 等平台进行了信号仿真处理技术研究[43]。研究指出,由于算法的复杂度、FPGA 本身的特点,在基于 FPGA 的 TES 探测器室温读出信号处理中求解相位信息效率较低。通过引入灵活且并行计算能力出色的 GPU,配合 CPU 优异的逻辑处理能力,可大幅度优化算法步骤和复杂度,提升算法性能。

如图 2-3 所示,新算法下,首先由 FPGA 和模拟数字转换器对信号进行数字化处理,随后将 UDP 数据包发送出去。紧接着预处理 UDP 包的数据,而后将数据从 CPU 传输到 GPU 进行 FFT 和反正切求相位处理。最后,在 CPU 上对数据实施选频。

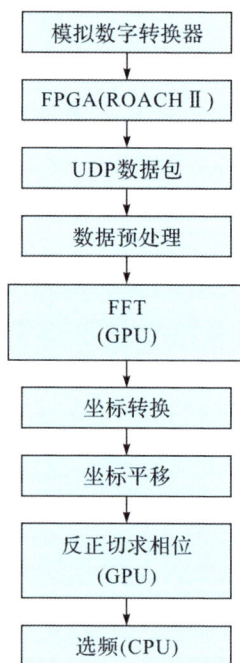

图 2-3　基于 FPGA+GPU 的 TES 探测器室温读出信号处理流程

段然团队[44]的实验采用了通用并行计算架构平台(CUDA)。CUDA提供了快速傅里叶变换库(cuFFT),大幅提升了 GPU 并行处理速率[45]。其他实验仪器包括 i7-9800X、RTX 208027、CUDA 10.2 及 CentOS 7。

通过积极引入 GPU,在其灵活、多线程的数学处理能力以及 CPU 优异逻辑计算能力的配合下,能够高效地在并行计算架构上实现对模拟射电信号的 FFT 和相位求解,无须进行坐标变换和平移,提升了算法效率,降低了复杂度。相关研究系首次运用 FPGA+GPU 模式到 TES 的数字后端信号处理,对国内天文相关领域的技术研发具有参考意义。

2.2.2　天文望远镜接收机数字后端系统

国外天文望远镜接收机多采用基于 CASPER 的数字后端系统,其中的 ROACH2 运算平台已经日臻成熟,属于第四代系统。一般来说,其配属的模拟数字转换器为 3GSPS-8bit 或 550MSPS-12bit。出于对全数据处理的需要,数字后端系统则可采用 5GSPS-10bit 或 3.2GSPS-12bit 两款高带宽、高精度模拟数字转换器。

然而,由于传输带宽较低,8bit 以上高精度模式的数据无法实现实时传输。第一代基于 FPGA 的 GD2FPGA 系统采用了 6U 标准尺寸 FPGA母板+FMCVITA 57.1 标准 AD 子板+高速协议尾板的总体架构,同时以两块 Virtex-6 芯片(XC6VLX240T-2FF1759)、一块 Virtex-5 芯片(XC5VLX50T-1FF665)分别作为其运算芯片和主控芯片。存储模块采用 2GBDDR3 SDRAM、9MB QDRⅡ SRAM,并通过 Virtex-6 连接。系统架构如图 2-4 所示。

GD2FPGA 的数据处理流程为:模拟信号首先进行由数据监控模块配置的模拟数字转换,并截取一部分数据验证反馈转换准确性;然后历经数据缓存器模块,进入数据打包模块进行打包,并由 10GbE 发射机进行发送,随后由对应的接收机以 1Gbps 的速度接收;最后是对上述数据进行存储操作,如图 2-5 所示。

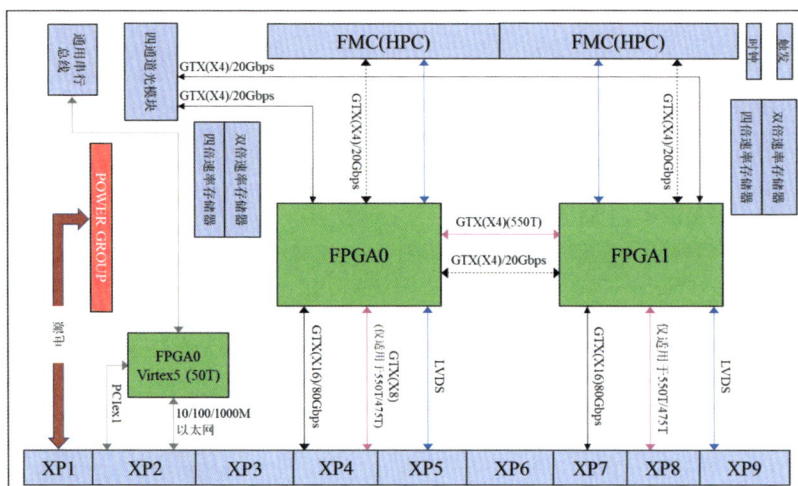

图 2-4　GD2FPGA 架构[46]

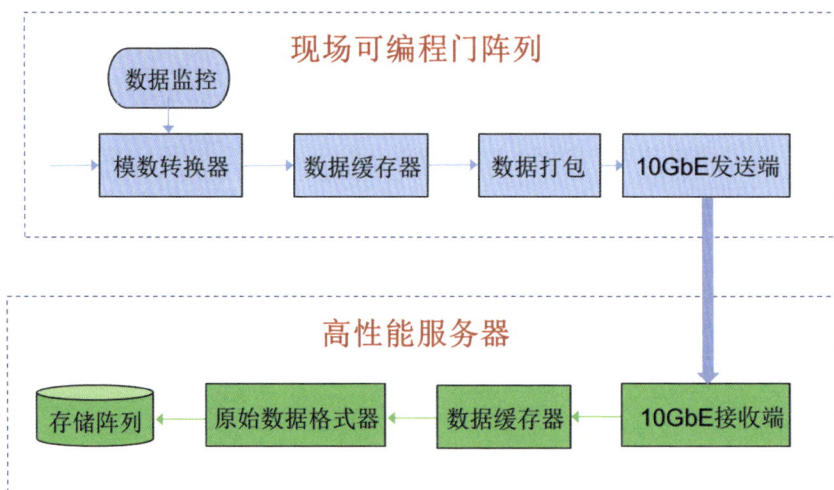

图 2-5　GD2FPGA 处理流程[46]

　　GD2FPGA 主要有高带宽、低带宽、非相干消色散、相干消色散四种谱线模式,后两者也被称为脉冲星模式。

2.2.3　基于 FPGA 的 FAST 接收机的数字后端

不同于光学望远镜,射电望远镜主要包含天线和接收系统,接收机的性能主要取决于天线接收面积大小。FAST 是目前世界上最大的射电望远镜,接收数据量巨大,对接收机的要求较高。

为实现 FAST 高速并行数据处理,贵州大学的张荣芬团队[47]在 2016 年设计了一种基于 FPGA 的 FAST 接收机的数字后端,其主要设计思路如下。微弱的射电信号经过馈源采集和多级放大千倍后,通过混频器变频至中频范围,然后传输给模拟滤波器进行滤波操作。随后以 12bit 量化、3.2GHz 超大带宽进行模数转换,并通过分时复用将数据分成 16 路,再多通道传输给 FPGA 板。通过 PFB,然后进行并行 FFT,将结果输出到 FPGA 上的 RAM 存储单元中。存储单元利用两个缓冲器进行交替存储,其中一个缓冲区满时就启动基于万兆以太网口的传输,并转换到另一个缓冲区进行存储。传输出去的数据利用 CPU 或 GPU 的高性能计算平台进行存储或数据处理。

该系统工作时的采集带宽高达 1.6GHz,并以 Virtex-6 系列 FPGA 芯片提升并行处理能力、万兆以太网卡实现快速传输。同时,系统基于 FPGA 和模块化设计,扩展性好,易于升级更新。

该超宽带接收机有利于实现 FAST 对目标波段的高稳定和高灵敏的长期持续覆盖,能有效提升 FAST 系统性能,具有重要研究意义。

2.3　其他技术路线

2.3.1　导航定位技术

天文学科在探索中的一大应用是导航定位。以美国开发运营的全球定位系统(GPS)为例,它有 31 颗地球人造卫星可以发射信号,可以使用最少 4 颗卫星的组合信号来确定接收器的位置和时间。GPS 卫星携带原子钟，可提供极其精确的时间。时间信息被放置在卫星广播的代码中，这样接收器就可以不断地确定信号广播的时间。该信号包含接收器用来计算卫星的位置和进行准确定位所需的其他调整的数据。接收器使用接收信号的时间和广播时间之间的时间差来计算从接收器到卫星的距离或范围。接收器必须考虑到电离层和对流层造成的传播延迟或信号速度的下降。有了与三颗卫星的距离和信号发送时的卫星位置的信息，接收器就可以计算出自己的三维位置。为了计算这三个信号的范围，需要一个与 GPS 同步的原子钟。然而，通过从第四颗卫星进行测量，接收机不再需要原子钟。因此，接收器借助四颗卫星即可计算纬度、经度、高度和时间。

但这就产生一个问题——如何定位 GPS 的人造卫星。这就不能依靠 GPS 系统了，而要依靠类星体或者遥远的星系[48]。类星体是一种极其明亮的活动星系核（AGN），以黑洞为驱动，向外辐射电磁能量。由于类星体非常明亮且尺度很小，大多数类星体距离我们非常遥远，以至于相对静止，便成为宇宙中建立坐标系非常有用的参考点。GPS 使用了 212 个类星体[49]来确定每颗人造卫星的位置，进而确定接收器（即被定位者）的位置。

类星体尺度较小，带来了难以分辨的弊端。最近，加州理工学院有天文学家使用机器学习方法发现了罕见的"四重成像"类星体[50]。人工智能算法可以帮助天文学家建立类星体的模型，获得更多类星体候选体，从而帮助全球定位系统更精准地确定人造卫星的位置。

除了类星体之外，X 射线脉冲星也期望能应用于深空定位导航中。由于脉冲星自转的缘故，从脉冲星磁轴的两极发出的两个波束会以一定周期扫过空间的一定范围，形成与自转周期相同的脉冲信号[51]。航天器通过检测不同脉冲星的脉冲信号间隔确定位置，通过 X 射线成像仪检测脉冲星相对于航天器的角度可以确定航天器的位置。该导航方法可以为星际航行提供高精度的导航信息。中国空间技术研究院已于 2016 年 11 月 10 日发射首颗脉冲星导航试验卫星"慧眼"[52]。

2.3.2　太赫兹望远镜技术

以超导动态电感(superconducting kinetic inductance detector，KID)探测器为代表的太赫兹望远镜技术具有广泛的应用，覆盖多样波段。KID 探测器不仅在亚毫米波和远红外可以用于成像，还可以在紫外光、可见光、近红外、X 波段、γ 波段用于单光子的计数及能量测量等，如图 2-6 所示。

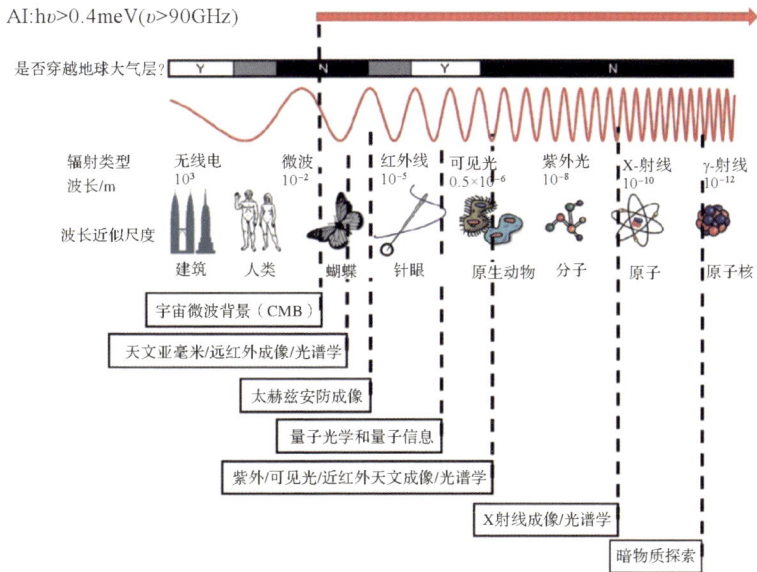

图 2-6　基于 KID 探测器的远红外/亚毫米应用

对于想要调查恒星、星系甚至宇宙起源的天文学家来说，在远红外/亚毫米波长范围内的、基于卫星的观测非常重要。动电感检测器阵列有可能彻底改变毫米—远红外—中红外波长范围内的天文学，并允许开发新颖的仪器概念，应用在诸多领域。例如，系外行星的中红外直接成像和光谱学、亚毫米/远红外光谱学和干涉仪、宇宙微波背景成像和极化等。动力学电感检测器具有广泛的光谱覆盖范围、高灵敏度和检测速度，因此可以应用于一系列太空实验，而与波长范围、仪器类型和观测模式无关。

2.3.2.1 未来宇宙微波背景极化任务

未来十年,宇宙微波背景(cosmic microwave background,CMB)的主要科学目标之一是研究重力波背景引起的 B 模式极化。这种模式的检测不仅将确认早期宇宙的膨胀模型,还将区分模型并限制所调用的物理过程。然而,检测 B 模式极化有若干挑战。当前和拟议的任务需要大量具有宽频率覆盖范围的探测器消除天文前景,并高度控制和理解系统极化效应。当前的仪器设计采用了诸如与美国国家标准技术研究院开发的相控阵天线。天线或喇叭耦合技术的发展能使完整工作仪器的仪器格式有更大阵列。

2.3.2.2 毫米波/远红外光谱学和干涉仪

恒星、气体和尘埃发射的宇宙电磁能中有一半以远红外波长($30\sim1000\,\mu m$)发射。银河和宇宙学调查正在开拓这一光谱区域,并表征了 100000 个银河和银河外物体的基本特性,但需要得到进一步的光谱和干涉测量,提高灵敏度和在毫米/远红外波长处的角分辨率,揭示这些光源的本质,并提供对微弱光源和尚不可见的光源的访问。例如,使用毫米/远红外光谱仪能够确定遥远的恒星形成星系的红移,这些星系由于尘埃含量大而在光学中不可见。这些光谱测量对于测量遥远星系中的分子和原子气体含量以及温度是必不可少的,是确定星系中恒星形成效率和激发条件作为宇宙时间的函数所必需的,可了解与星系形成和演化有关的过程。

这些光谱仪器需要具有高灵敏度($10^{-20}\sim10^{-19}\,\mathrm{W\cdot Hz^{-1/2}}$)和高像素($1000\sim100000$ 像素)的检测器,最大程度提高测量速度。在这些波长下,任何检测器都尚未实现远红外所需的灵敏度。

2.3.2.3 地面天文学

在地面天文学中,特别是在下一代毫米波及亚毫米相机和光谱仪中,使用 SPACEKID 技术具有巨大的潜力。目前使用的最大的亚毫米相机是夏威夷 James James Clerk Maxwell 望远镜(JCMT),其具有 10000TES

像素的 SCUBA-2 仪器。最近，NIKA KID 相机在西班牙的 IRAM 30m 望远镜上以大约 1.1mm 和 2.1mm 的波长工作，显示了约 250 个 KID，具有先进的性能。

此外，片上光谱仪的发展提供了在毫米波长下进行高光谱成像和光谱调查的可能性。这些仪器将在毫米/亚毫米波长处提供与在光波长处用于测量星系红移和局部源光谱的光纤耦合多目标光谱仪相似的功能。

2.3.2.4　安防及其他方面的应用

SPACEKID 技术在高背景照明条件下的成功集成，标志着其在测量环境温度物体的各种地面应用中的适用性。在过去的十年，与光谱的远红外区域中的检测和成像相关的研究和商业活动都大大增加。光谱这一部分中的辐射是非电离的，且以相当有用的方式与普通材料相互作用。因此，1THz 或以下（波长大于 $300\,\mu m$）频率、具有高灵敏度和高空间分辨率的成像将有助于安全监控。已经开发出的许多使用室温检测技术的仪器缺乏提供高质量信息的灵敏度。尽管低温检测技术在民用领域不受欢迎，但其无须消耗液态制冷剂即可冷却 KID 检测器的能力具有更广泛的潜在适用性。普通的包装材料在远红外线中有高透明度，并且最近已经进行了许多尝试来实现可行的无损包装分析技术。

高灵敏度和检测速度的结合使动感检测器适用于观察时间有限（实时视频速率成像或快速线扫描）并且目标可能高度衰减的应用。因此，SPACEKID 技术可能会在皮肤癌检测和美术分析等其他领域找到适用性。太赫兹望远镜技术还有望运用在南极气球项目、射电接收器和宇宙分子绕月卫星轨道，基于大量低成本、小载荷卫星的空间组阵，以及与 FAST 相配合的空天一体化下的空间太赫兹或空间阵。

2.3.3　相控阵馈源的射电天文应用

天文望远镜阵列可以被小型化应用于相控阵雷达（phased array radar，PAR）和相控阵馈源（phased array feedback，PAF）。PAR 的整个方向图需要结合焦面场。对于雷达，人们往往不需要考虑，或者不用着重考虑制冷方面的问题,因为它可以通过增加发射功率或增加发射数量来提高电荷耦合器件(charge coupled device,CCD)增益,而不需要像望远镜一样力求降低自身噪声。对于雷达应用来说,由于雷达的目标明确,所以雷达指向性强,同时目标移动非常快。雷达对于时间分辨率的要求更高,通常波束在时域合成。与之不同的是,望远镜时间非常宝贵,天文学家经常需要同时集成多个科学终端,既要高时间分辨率,又要高频率分辨率,还要更多的波束和更宽的带宽。除了这些不同点,更多的是相似点,PAF 的终端开发可以大量借鉴 PAR 的技术和实践经验。

制冷 PAF 终端结合了模拟射频技术和数字信号处理技术,其中大量的工作利用了模拟与数字的结合。在相控阵终端电子学的指标预估方面,可以参考 Arecibo 望远镜和 PARKS 望远镜的经验,如果按照 FAST 的 1.2m 直径焦面,假设频率为 1.9GHz,那么天线单元间距大概在 80mm。焦面里大概能放 330 个单元,165 个极化,因为全焦面采样,所以大概会形成 160~200 个数字波数。为了服务终端开发,天文学家仿真和加工了一批低成本的 Vivadi 天线,进行大规模数据下终端技术的实践和验证。

针对国家重大任务 FAST 升级及 FASTA 建设中"卡脖子"的技术方向,国家天文台将建设天文级相控阵馈源接收及终端系统,摆脱对美国、澳大利亚的依赖。建议任务能实现:瞬时带宽直接覆盖 1~3GHz,不低于 330 采集单元,不低于 200 数字波束,系统噪声温度不高于 25K。可实时交换和处理 $48\text{Gbps} \times 330 = 15840\text{Gbps}$ 数据流,实现波束合成、相关机、粗精度/高精度谱线、脉冲星观测、快速射电暴实时捕捉、基于实时触发的原始数据存储等多科学目标并行的终端系统。

2.3.4 望远镜后端放大器应用

几乎所有的大型望远镜都需要面临同一个问题——高速信号交换。Hashpipe 是个开源的软件,中国新疆天文台的裴鑫开发了与其配套的 tutorial。天文学家用 Hashpipe 做多线程管理和缓存管理。

高性能放大器也是望远镜系统的重要组成部分,这类放大器在室温下的性能在逐渐优化,目前常用放大器的频率—噪声关系如图 2-7 所示。比如在 40℃时噪声温度低于 8K,0℃时噪声温度低于 7K,−40℃时噪声温度低于 3.5K。

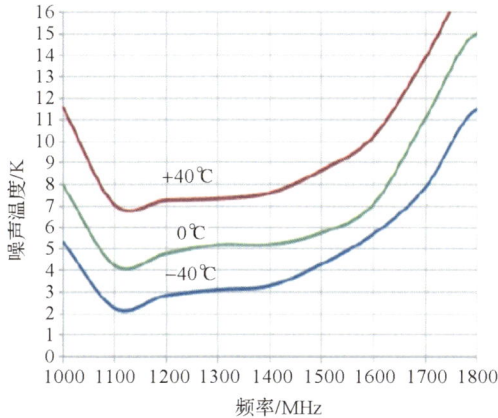

图 2-7　常用放大器的频率—噪声关系

然而,低温系统的使用大大增加了研制成本,其电源和维护的运行成本也相当可观,不适合阵列系统的大规模应用。当前,为了实现DSA2000 深空探测计划,美国 CMT 公司研制出了国际水平一流、性能媲美制冷 LNA 的、工作在常温环境下的超低噪声 LNA。在 25℃时,噪声温度在 L 波段(1.2G～1.6GHz)达到 7K 水平,若降至−40℃,噪声温度小于 3K。

国家天文台的段然团队在第一时间采购了此低噪声放大器,完成了加电工装,以及 S 参数与噪声的测试。通过深度调研发现,此 LNA 的核心元件为瑞士公司的 lnP 芯片,若采购获得或自研,结合国内的微组装工艺,可达到同等优异水平。通过自发研制,可将工作频段拓展至损耗较大的毫米波段,有望在高达 50GHz 的频率下,常温噪声温度水平优于 60K。此产品在射电天文、深空探测、反隐身国防领域都将有极广的应用前景。

2.3.5 基于高性能计算的天文仿真

与其他现代科学研究和工程技术一样,天文中涉及的物理过程非常复杂,从这些物理过程中抽象出来的数学计算超过了人脑运算的能力,需要使用计算机求解。计算机不仅可以完成科学计算,还能帮助科研人员进行模拟实验——通过嵌入不同的物理过程和数学描述,选定最可能的物理参数,利用计算机进行多次计算实验,寻找所求解科学问题的最优解和与观测实验的最佳拟合。近年来,随着以超级计算机为代表的高性能计算的不断发展,在此基础上的天文仿真模拟在诸多天文学领域发挥着重大作用。

2002 年,美国密歇根大学的 Evrard 等人[53]实施的哈勃空间数值模拟通常被认为是现代大规模宇宙学数值模拟的开端之一,该模拟采用并行化的 HYDRA 多体模拟程序。2005 年,由来自德国、英国、加拿大、日本和美国的天体物理学家组成的处女座联盟完成了著名的千禧年模拟[54]。2019 年,德国慕尼黑的马克斯·普朗克天体物理学研究所、德国海德堡理论研究所、美国佛罗里达大学物理学系等众多天文学家共同创建了当时最详细的宇宙模拟模型(TNG50),相关成果发布在《皇家天文学会月刊》中[55]。20 世纪末,我国科学家也陆续展开了相关研究,先后开展了盘古计划、ELUCID 模拟等[56]。2020 年 3 月,来自上海交通大学等单位的科研人员,基于交大 π2.0 集群超算平台进行了 Cosmo-π 模拟。据上海交通大学新闻学术网报道,该研究成果[57]已被高性能计算和并行与分布式系统领域权威国际会议 CCGRID 2020 录用,并成为 IEEE 国际可扩展计算挑战赛 SCALE 2020 世界范围内唯一入围的解决方案。值得一提的是,这项研究是智能计算与天文学研究有机融合的典范。天文专业团队基于高性能计算平台,进行研究创新和程序实现,而计算团队让环境适配,优化代码加速计算,并辅以材料学、机械动力学等多学科的研究团队,共同攻克基础研究前沿问题。

天文学还被应用到了很多行业,如天文编程语言 IDL 编程,无线局域网实施的一个组成部分使用了射电天文学家常用的锐化射电望远镜图像的方法。天文学并不是遥不可及、浪漫无用的，只要注重知识转移和技术转化，天文研究也能成为人类社会有形和无形的组成部分。

　　目前计算天文研究已经在脉冲星和快速射电暴搜寻、射电望远镜数字后端系统等诸多领域取得了一系列进展，在一定程度上取代了传统的人工或半自动化的天文数据处理与分析。事实上，当前更多的研究围绕数据密集型的第四科学研究范式展开，聚焦海量天文数据的处理与分析，不断引入新型智能计算方法。然而，当前计算天文研究总体来说还处于起步阶段，正进入发展的黄金期，在未来仍有巨大的发展空间和诸多亟待解决的重大科学问题。面对这一历史性机遇，我国必须继续加速、加快计算天文学研究，建立最先进的智能计算赋能天文技术体系，取得划时代的科学及技术成果，建成天文强国。

参考文献

[1]Angel J，Wizinowich P，Lloyd-Hart M，et al. Adaptive optics for array telescopes using neural-network techniques[J]. Nature,1990,348(6298):221-224.

[2]Ball N M, Brunner R J. Data mining and machine learning in astronomy[J]. International Journal of Modern Physics D,2010,19(7):1049-1106.

[3]Fluke C J, Jacobs C. Surveying the reach and maturity of machine learning and artificial intelligence in astronomy[J]. Wiley Interdisciplinary Reviews：Data Mining and Knowledge Discovery,2020,10(2):e1349.

[4]Zhang C, Shang Z, Chen W, et al. A review of research on pulsar candidate recognition based on machine learning[J]. Procedia Computer Science,2020,166:534-538.

[5]Eatough R P, Molkenthin N, Kramer M, et al. Selection of radio pulsar candidates using artificial neural networks[J]. Monthly Notices of the Royal Astronomical Society,2010,407(4):2443-2450.

[6]Manchester R N, Lyne A G, D Amico N, et al. The parkes southern pulsar survey I：Observing and data analysis and initial results[J]. Monthly Notices of the Royal Astronomical Society,1996,279(4):1235-1250.

[7]Stuttgart Neural Network Simulator[EB/OL]. (2006-04-15)[2022-03-24]. http://

www. ra. cs. uni-tuebingen. de/SNNS/welcome. html.

[8]Bates S D，Bailes M，Barsdell B R，et al. The high time resolution universe pulsar survey Ⅵ：An artificial neural network and timing of 75 pulsars[J]. Monthly Notices of the Royal Astronomical Society,2012,427(2):1052-1065.

[9]Keith M J，Kramer M，Lyne A G，et al. PSR J1753-2240：A mildly recycled pulsar in an eccentric binary system[J]. Monthly Notices of the Royal Astronomical Society,2009,393(2):623-627.

[10]Cordes J M，Freire P C C，Lorimer D R，et al. Arecibo pulsar survey using ALFA I：survey strategy and first discoveries[J]. The Astrophysical Journal,2006,637:446-455.

[11]Zhu W W，Berndsen A，Madsen E C，et al. Searching for pulsars using image pattern recognition[J]. The Astrophysical Journal,2014,781(2):117.

[12]Morello V，Barr E D，Bailes，et al. SPINN：A straightforward machine learning solution to the pulsar candidate selection problem[J]. Monthly Notices of the Royal Astronomical Society,2014,443(2):1651-1662.

[13]Devine T R，Goseva-Popstojanova K，McLaughlin M. Detection of dispersed radio pulses：A machine learning approach to candidate identification and classification[J]. Monthly Notices of the Royal Astronomical Society,2016,459(2):1519-1532.

[14]Lyon R J，Stapper B W，Cooper S，et al. Fifty years of pulsar candidate selection：From simple filters to a new principled real-time classification approach[J]. Monthly Notices of the Royal Astronomical Society,2016,459(1):1104-1125.

[15]康志伟,刘拓,刘劲,等.基于自归一化神经网络的脉冲星候选体选择[J].物理学报,2020,69(6):1-8.

[16]刘晓飞,劳保强,安涛,等.基于深层残差网络的脉冲星候选体分类方法研究[J].天文学报,2021,62(2):1-14.

[17]脉冲星数据比对分析和可视化系统[EB/OL].(2019-03-05)[2022-03-24].https://github.com/dzuwhf/PICS-ResNet.

[18]张辉,王培,张蕾,等.脉冲星数据比对分析和可视化系统设计与实现[J].天文学报,2021,62(1):1-16.

[19]PICS-ResNet[EB/OL].(2020-09-25)[2022-09-26]. https://github.com/Apm5/ImageNet_ResNet_Tensorflow2.0.

[20]张辉,谢晓尧,李茜.一种面向 FAST PB 量级脉冲数据处理加速方法及系统[J].

天文研究与技术,2021,18(1):1-9.

[21]Niu C H,Aggarwal K,Li D,et al. A repeating fast radio burst in a dense environment with a compact persistent radio source[J]. Nature,2021,(1):arXiv: 2110.07418.

[22]二维傅里叶变换算法[EB/OL].(2019-02-27)[2022-03-25]. https://github.com/peterniuzai/2DFFT-transient_search_Pipeline.

[23]Odewahn S C,Stockwell E B,Pennington R L,et al. Automated Star/Galaxy Discrimination with Neural Networks[M]//Morgan DH,Tritton S B,Savage A,et al. Digitised Optical Sky Surveys. Springer,Dordrecht,1992:215-224.

[24]Andreon S,Gargiulo G,Longo G,et al. Wide field imaging I:Applications of neural networks to object detection and star/galaxy classification[J]. Monthly Notices of the Royal Astronomical Society,2000,319(3):700-716.

[25]Philip N S,Wadadekar Y,Kembhavi A,et al. A difference boosting neural network for automated star-galaxy classification[J]. Astronomy & Astrophysics,2002,385 (3):1119-1126.

[26]Kim E J,Brunner R J,Carrasco Kind M. A hybrid ensemble learning approach to star-galaxy classification[J]. Monthly Notices of the Royal Astronomical Society, 2015,453(1):507-521.

[27]Soumagnac M T,Abdalla F B,Lahav O,et al. Star-galaxy separation at faint magnitudes:Application to a simulated dark energy survey[J]. Monthly Notices of the Royal Astronomical Society,2015,450(1):666-680.

[28]Kim E J,Brunner R J. Star-galaxy classification using deep convolutional neural networks[J]. Monthly Notices of the Royal Astronomical Society,2016:arXiv: 1608.04369.

[29]Morgan W W,Keenan P C. Spectral classification[J]. Annual Review of Astronomy and Astrophysics,1973,11(1):29-50.

[30]Von Hippel T,Storrie-Lombardi L J,Storrie-Lombardi M C,et al. Automated classification of stellar spectra I:Initial results with artificial neural networks[J]. Monthly Notices of the Royal Astronomical Society,1994,269(1):97-104.

[31]Navarro S G,Corradi R L M,Mampaso A. Automatic spectral classification of stellar spectra with low signal-to-noise ratio using artificial neural networks[J]. Astronomy & Astrophysics,2012,538:A76.

[32]Kuntzer T，Tewes M，Courbin F. Stellar classification from single-band imaging using machine learning[J]. Astronomy & Astrophysics,2016,591:A54.

[33]Daniel S F, Connolly A, Schneider J, et al. Classification of stellar spectra with local linear embedding[J]. The Astronomical Journal,2011,142(6):203.

[34]邢飞,郭平.基于小波降噪与支持向量机的恒星光谱识别研究[J].光谱学与光谱分析,2006,26(7):1368-1372.

[35]Wang K, Guo P, Luo A L. A new automated spectral feature extraction method and its application in spectral classification and defective spectra recovery[J]. Monthly Notices of the Royal Astronomical Society,2017,465(4):4311-4324.

[36]Guo P, Jia Y, Lyu M R. A study of regularized Gaussian classifier in high-dimension small sample set case based on MDL principle with application to spectrum recognition[J]. Pattern Recognition,2008,41(9):2842-2854.

[37]Balastegui A, Ruiz-Lapuente P, Canal R. Reclassification of gamma-ray bursts[J]. Monthly Notices of the Royal Astronomical Society,2001,328(1):283-290.

[38]Masias M, Freixenet J, Lladó X, et al. A review of source detection approaches in astronomical images[J]. Monthly Notices of the Royal Astronomical Society,2012, 422(2):1674-1689.

[39]Yang Y, Yang H, Bai X, et al. Automatic detection of sunspots on full-disk solar images using the simulated annealing genetic method[J]. Publications of the Astronomical Society of the Pacific,2018,130(992):104503.

[40]Gichu R, Ogohara K. Segmentation of dust storm areas on Mars images using principal component analysis and neural network[J]. Progress in Earth and Planetary Science,2019,6(1):1-12.

[41]Vavilova I B, Elyiv A A, Vasylenko M Y. Behind the zone of avoidance of the milky way: What can we restore by direct and indirect methods? [J]. Радиофизика и радиоастрономия,2018.

[42]小多(北京)文化传媒有限公司.计算机大穿越[M].南京:广西教育出版社,2017.

[43]沈梦萍,段然,张海燕.基于GPU的TES探测器原初引力波室温读出信号处理技术研究[J].北京师范大学学报(自然科学版),2022,58(2):203-208.

[44]Nickolls J, Buck I, Garland M, et al. Scalable parallel programming with cuda: Is cuda the parallel programming model that application developers have been waiting for? [J]. Queue,2008,6(2):40-53.

［45］cuFFT：CUDA Toolkit Documentation［EB/OL］.（2019-01-22）［2022-04-22］. ht-
　　　tps：//docs. nvidia. com/cuda/ cufft/index. html.

［46］张馨心. CRANE 接收机系统的性能测试研究［D］.北京：中国科学院大学,2017.

［47］俞欣颖.基于 FPGA 的超宽带数字后端设计与实现［D］.贵阳：贵州大学,2017.

［48］New Celestial Map Gives Directions for GPS［EB/OL］.（2009-10-29）［2022-03-25］.
　　　https：//www. nasa. gov/centers/goddard/news/topstory/2009/icrf2. html.

［49］GPS Uses Quasars［EB/OL］.（2018-03-18）［2022-03-25］. https：//starinastar. com/
　　　gps-uses-quasars.

［50］Seeing Quadruple［EB/OL］.（2021-04-07）［2022-03-25］. https：//www. caltech. edu/
　　　about/news/seeing-quadruple.

［51］帅平,陈绍龙,吴一帆,等. X 射线脉冲星导航原理［J］.宇航学报,2007,28（6）：
　　　1538-1543.

［52］国慧眼卫星成功进行 X 射线脉冲星导航在轨实验［EB/OL］.（2019-08-22）［2022-03-
　　　25］. http：//www. ihep. ac. cn/xwdt/cmsm/2019/201908/t20190822_5367945. html.

［53］Evrard A E, MacFarland T J, Couchman H M P, et al. Galaxy clusters in hubble
　　　volume simulations：Cosmological constraints from sky survey populations［J］. The
　　　Astrophysical Journal,2002,573（1）：7.

［54］Kay S T, Liddle A R, Thomas P A. Sunyaev-Zel'dovich predictions for the Planck
　　　Surveyor satellite using the hubble volume simulations［J］. Monthly Notices of the
　　　Royal Astronomical Society,2001,325（2）：835-844.

［55］Nelson D, Springel V, Pillepich A, et al. The illustris TNG simulations：Public data
　　　release［J］. Computational Astrophysics and Cosmology,2019,6（1）：1-29.

［56］陈厚尊.计算机中的宇宙［EB/OL］.（2015-07-21）［2022-04-26］. https：//www. sohu.
　　　com/a/321494505_422567.

［57］Cheng S, Yu H R, Inman D, et al. CUBE-Towards an Optimal Scaling of Cosmol-
　　　ogical N-Body Simulations［C］//20th IEEE/ACM International Symposium on Clus-
　　　ter, Cloud and Internet Computing （CCGRID）. IEEE,2020：685-690.

3 趋势篇

过去几十年,天文学面临的数据量越来越庞大,已逐步迈入 PB 甚至 EB 量级,这无疑会使天文学进入全新的数据密集型时代。为了应对上述问题,计算天文学应运而生。随着计算天文学研究的不断深入和拓展,以人工智能和高性能计算为代表的智能计算及相关软硬件平台逐步被引入天文学研究中。本章将从数据寻星、数据处理和数据挖掘三个角度全方位地展示过去一段时期计算天文学的主要技术路线和若干范例。同时,在上述三个研究方向未来展望的基础上,对当前计算天文数字反应堆面临的挑战和机遇进行概述。

3.1 数据寻星技术

脉冲星与快速射电暴搜寻是进行致密天体物理及应用等有关课题最重要的一环。自 1967 年发现第一颗脉冲星以来[1],世界上各大射电天文望远镜都将脉冲星搜寻作为一项十分重要的前沿课题,在此领域花费了巨大的人力、物力,充分保证了望远镜使用时间,并不断升级软硬件系统以及搜寻算法。

随着巡天数据量的不断提升,传统的人工和半自动寻星技术逐步被淘汰,基于海量天文观测数据进行脉冲星、快速射电暴等自动化智能寻星任务已经成为天文学界的热点。

3.1.1 脉冲星搜寻技术

　　脉冲星搜寻面临着多方面挑战。首先,脉冲星信号非常微弱,尤其是毫秒脉冲星,其流量密度的典型值在毫央斯基水平,因而需要非常灵敏的观测设备。提高设备灵敏度需要更低噪声的制冷接收机、更宽的接收机带宽和更大口径的望远镜。由于绝大多数脉冲星仅在射电波段有辐射,射电波段无疑是脉冲星搜寻及观测研究的重要窗口。就目前技术来讲,将大口径射电望远镜放置于外太空是不现实的。而地面的射电观测,不可避免地受到地面人工活动、电子实验设备及通信等无线电干扰。这些干扰信号强度有时是脉冲星信号强度的百万倍以上。如何有效克服干扰问题是进行脉冲星搜寻面临的挑战。大口径望远镜的视场相对较小,如何有效提高搜寻效率是面临的另一个挑战。利用增大接收机带宽可提高脉冲星搜寻灵敏度,这又对脉冲星终端的采样、数据记录以及后续数据处理带来更大压力。脉冲星信号为一系列周期性脉冲,其传播过程受到星际介质的色散、散射等影响。脉冲星搜寻过程中,不仅要搜寻周期,还要搜寻色散量等信息,运算量巨大。此外,由于受干扰等影响,搜寻过程中将会产生一系列候选体,如何有效去伪存真也是巨大挑战之一。

　　最初的脉冲星搜寻主要基于单脉冲,搜寻灵敏度受到很大限制。随着计算机运算能力的提高,傅里叶变换分析被引入脉冲星搜寻算法中,使搜寻更弱的脉冲星成为可能[2]。第一颗毫秒脉冲星 PSR B1937+21(周期 1.56ms)的发现引起了天文学家的极大关注,并引发了对毫秒脉冲星的搜寻工作。这时观测系统灵敏度、时间和频率分布都大大提高,部分搜寻的中心频率采用 1400M～1500MHz 的高频。毫秒脉冲星的早期搜寻工作主要有:利用 Jollrell Bank 76m 射电望远镜在 1983 年对覆盖在银纬 ±1 度的 220 平方度的天区进行的搜寻[3-4];利用绿岸 92m 射电望远镜自 1983 年 11 月对覆盖在银纬 ±15 度的 3725 平方度的天区范围进行脉冲星搜寻[5-6]；利用阿雷西博305m天线在1984—1985年对覆盖在银纬±10度的289平方度的天区范围进行的快速脉冲星的搜寻，这次搜寻新发现了5颗脉冲星，其中1颗PSR B1855＋09是位于双星系统的毫秒脉冲星[13]；另外还有1988年利用帕克斯(Parkes)64m射电望远镜对覆盖在银纬±4度的800平方度的天区范围的搜寻[7]，以及利用阿雷西博305m在20世纪80年代后期的搜寻等。

最近几年，LOFAR、LWA等一系列低频大视场望远镜阵列投入脉冲星的搜寻工作中[8-9]。在脉冲星搜寻数据消干扰方面，一系列算法被提出并获得应用，如零色散量滤波、自适应滤波等[10]。在消色散算法方面，逐步从最初的暴力消色散算法发展成为泰勒树形消色散算法、分段树形消色散算法等一系列高效算法。在硬件平台方面，先后发展了FPGA、CPU、GPU等处理平台。近些年发展出的GPU加速度搜寻将是重要方向之一。

国内的脉冲星观测研究工作起步较晚，早期没有利用国内望远镜发现脉冲星的记录。随着经济实力的增强，国家对科技的投入也不断加大，国内先后建立起上海佘山25m、新疆南山26m、昆明40m、密云50m、上海天马65m、贵州FAST 500m等射电望远镜。南山、昆明、天马望远镜逐步配备了脉冲星观测系统，我国相关科研团队迅速成为国际脉冲星领域的后起之秀。例如，FAST自建成调试迄今，通过多个巡天重大项目支持，已经发现脉冲星数量超过600颗[34]。

望远镜长时间积分观测将有效提高短周期、低光度、高色散量脉冲星的探测灵敏度，但目前现有的脉冲星搜寻系统难以在计算和智能方面满足科学任务需求，需极大提高脉冲星的搜索效率及设计全新的智能脉冲星检测系统。计算挑战之一为如何加速脉冲星搜索，脉冲星搜索的计算挑战之二为亟须设计新的搜索方法以提高新的科学发现概率。现有的大部分系统很难满足这些需求，因而亟须引进高性能大数据计算以实现科学目标。脉冲星搜索的计算挑战之三为特征信号的识别和降低人工工作量。

从研究方式划分,脉冲星的搜寻工作可以分为人工脉冲星搜寻、半自动化脉冲星搜寻和基于机器学习的脉冲星搜寻三类,下面将依次简介。

3.1.2 人工脉冲星搜寻

最初的人工选择方式主要是用肉眼检查生成的候选图。那些具有脉冲特征的候选体会被记录下来进行进一步的分析,其余的则被忽略。随着计算机技术应用于望远镜数据采集、数字技术代替传统脉冲星数据记录,数据处理效率得到提高。在数字化技术应用的最初阶段,脉冲星巡天产生很少的脉冲星候选体。20 世纪 70 年代进行的第二次 Molonglo 巡天总共只产生了大约 2500 个候选体,搜寻到 224 颗脉冲星,其中 155 颗为新发现脉冲星。因此,在这一时期,人工筛选完全能满足巡天任务要求。

然而,随着硬件技术的发展,脉冲星巡天产生越来越多的候选体,开始引发数据处理困难等问题,需要新的方法提高数据处理效率。Clifton 等人[3]首次在 Jodrell Bank 巡天提出如何有效处理脉冲星候选体数量剧增的问题。针对巡天产生的候选体,可利用当时比较先进的计算机设备,采用高效的处理算法产生脉冲星候选体;可人工设计脉冲星轮廓和信噪比等特征,基于这些特征设计启发式判断条件,加速候选体筛选过程。相比早期利用肉眼检查所有候选体的搜寻方式,效率有所提高。与此同时,针对类似问题的很多巡天项目也采取了信噪比阈值限制措施,以减少候选体筛选数量。Stokes 等人[4-5]针对绿岸望远镜和阿雷西博望远镜巡天的脉冲星数据设置信噪比阈值,来限制人工筛选脉冲星候选体的数量。虽然使用启发式方法和信噪比阈值限制方法能在一定程度上解决脉冲星候选体数量过多的问题,但经过软件处理后,虚假的脉冲星候选体数量仍然较多。为了解决这个问题,还需要结合其他处理方法来减少虚假候选体的数量,防止再耗费人力对它们进行检查。Johnston 等人[7]在帕克斯 20cm 巡天中设计了两个软件来解决这个问题,封装并优化了通用搜索过程。他们首先利用 MSPFIND 软件减少虚假候选体的数量,同时保持对毫秒脉冲星(MSP)的敏感性,只有满足 $S/N > 8\sigma$ 的候选体才能通过软件筛选。然后利用第二个软件继续处理从 MSPFIND 软件筛选出的候选体,在小范围内搜索这些信号的色散和周期,并以图形化的方式显示脉冲星轮廓列表[8-11]。Navarro 等人[12]为阿雷西博 430MHz 中银纬巡天(Intermediate Galactic Latitude Survey)开发了一款类似的软件,称为 PSR-PACK 脉冲星工具包。以上这些代表性的工作是在提高脉冲星搜寻效率、降低人工成本方面做的一些有益尝试。

随着技术的不断进步,产生的脉冲星候选体数量不断增加,完全依赖手工筛选越来越不可行,这就催生了许多基于图形化工具的人工筛选方法,旨在便捷、高效地评估候选体。Edwards 等人[13]在 Swinburne 中纬度巡天中设计了一个图形工具,用于 Parkes 64m 射电望远镜的 13 波束脉冲星数据处理,探测到 170 颗脉冲星,其中 69 颗是首次发现。Faulkner 等人[14]为了更好地对脉冲双星和毫秒脉冲星的 PMPS 数据进行再处理,开发了一种更复杂的图形工具来查看候选体,称为 REAPER。REAPER 使用了一个动态的可定制的图形窗口,允许使用多个变量对候选体进行启发式判断。此外,REAPER 很好地管理各种类型数据,如待筛选列表、已知脉冲星数据、拒绝的候选体和预处理候选体。还能提供网络接口,便于查看相关信息。REAPER 图形工具在 PMPS 数据中发现了 128 颗新脉冲星。Burgay 等人[15]使用交互式图形工具 RUNVIEW 辅助完成脉冲星候选体筛选,以图形的方式呈现脉冲星的重要参数色散量和信噪比等信息,用于分析 Parkes 多波束巡天(PMPS)数据[16]。数据处理后发现了 42 颗脉冲星,其中 18 颗是新发现的脉冲星。Keith 等人[17]在 REAPER 功能基础上,开发功能更加强大的脉冲星筛选图形工具包 JREAPER。这个新系统能根据候选体的参数对其打分、排序,忽略那些得分较低的候选体,以降低人工筛选候选体的数量。再对 PMPS 数据处理时,使用 JREAPER 又发现了另外 28 颗新的脉冲星。随着前端技术的发展,出现了基于 B/S 架构的脉冲星候选体筛选系统。其中一个代表性的工作是脉冲星搜索协作实验室设计的基于网页图形界面的脉冲星信号筛选系统[18],在五年的时间里,超过 700 名学生通过网络系统参与评价打分,在 300 小时绿岸望远镜漂移扫描巡天数据中发现了 5 颗新的脉冲星,之后 2 名高中生又发现了 1 颗包括双中子星系统的脉冲星 J1930-1852[19]。FAST 脉冲星搜寻小组也开发了基于 B/S 架构的脉冲星信号筛选系统,组织暑期实习学生参与脉冲星标定工作,共标定了 15542 个样本,用于机器学习模型的训练,便于开展 FAST 漂移扫描脉冲星巡天数据的自动处理。

3.1.3 半自动化脉冲星搜寻

半自动化的搜寻方法的代表工作是 Lee 等人[20]开发的 PEACE 工具。针对脉冲星样本,PEACE 设计了 6 个人工特征:折叠后脉冲信号的 S/N、信号周期、脉冲轮廓的宽度、信号时域持久度、信号频域持久度和脉冲宽度与色散度的比值,并将这些特征线性拟合成 1 个候选体的得分,可以用于对待筛选候选体进行打分、排序。在绿岸北天(green bank northern celestial cap survey,GBNCC)数据测试集上,实现了 100% 的脉冲星得分在前3.7%,并从阿雷西博 L 波段馈电阵列、绿岸北天巡天[21]和北方高时间分辨率巡天[22]数据集中发现了 47 颗脉冲星。PEACE 方法成功用于阿雷西博远程控制中心项目,学生通过图形窗口查看分析排序的候选体。PEACE 已经在绿岸北天巡天[21]和北方高时间分辨率巡天[22]中使用。利用阿雷西博望远镜开展的 AO327 巡天产生的候选体,也是基于 PEACE 的算法进行筛选排序[23]。来自 4 所大学的 50 多名参与者通过基于数据前端界面查看 AO327 巡天中产生的候选体,最终搜寻到 44 颗脉冲星,其中 24 颗为新发现脉冲星。

3.1.4 基于机器学习的脉冲星搜寻

随着信息技术的发展,各大望远镜巡天项目都会面临海量数据的处理问题,传统的人工方法或者半自动化的方法已无法满足实际需要。因此,更快速、高效的自动化处理方法就应运而生。自动化搜寻主要基于机器学习的方法,智能筛选脉冲星候选体。Eatough 等人[24]首次将机器学习方法应用于脉冲星候选体筛选。在这项工作中,每个候选体用信噪比、脉冲宽度等 12 个数字特征描述,采用三层感知机的模型。在约 13000 个 PMPS 数据集测试发现,探测到 92% 的脉冲星。统计得出,利用人工神经网络筛选时,30 个候选体中就有 1 个是脉冲星,而利用图形工具分析时,每 4900 个候选体中只有 1 个是真正的脉冲星。因此,利用人工神经网络筛选候选体可以大大提高搜寻效率。此外,还开发了基于多层感知机的神经网络分类器,筛选在 HTRU 巡天期间采集的数据。Bates 等人[25]综合了 Keith 等人[17]和 Eatough 等人[24]提取的脉冲星候选体特征,利用 22 个人工特征描述候选体。利用设计的神经网络能够筛选掉数据处理过程中产生的 99% 以上的候选体,盲搜时可以检测 85% 的脉冲星。但是该网络模型不擅长识别长周期和短周期的候选体,还需要人工辅助完成这些类型候选体的筛选。此外,利用该网络模型对中纬度 HTRU 巡天的数据进行筛选,约 15 颗基本脉冲星没有被筛选出来。Morello 等人[26]开发的 SPINN 系统,利用计算机科学领域的新技术,优化了神经网络性能,并利用 6 个人工特征表示每个候选体。在设计特征时选取能有效区分脉冲星和非脉冲星的特征,并确保这些特征能够符合人类判别脉冲星的专业知识。在 HTRU 数据上进行测试,发现在 0.64% 的假阳率的情况下,可以识别数据集中所有已知脉冲星。此外,它将 99% 的脉冲星排在所有候选体的前 0.11%,95% 的脉冲星排在所有候选体的前 0.01%。采用该方法对 HTRU 数据再处理时又发现了 4 颗新的脉冲星。

2016 年,Lyon 等人[27]为实现实时脉冲星候选体筛选,提出了高斯—赫林格快速决策树算法(Gaussian-Hellinger very fast decision tree, GH-VFDT),从折叠后的脉冲轮廓—信噪比曲线中提取均值、标准差、峰度、偏态等 8 个统计特征。这些特征之所以能作为分类特征,是因为其具有较好的区分度。此外,该方法还考虑到由于不同天区、不同时间段观测的数据可能存在样本漂移问题,从而设计实现在线学习的方法。GH-VFDT 运行效率高,在 HTRU2 数据集上测试每秒可以处理 7 万个候选体(单核 2.2GHz,Intel i7-2720QM 处理器),利用这个方法发现了 20 颗新的脉冲星。2018 年,Tan 等人[28]在 Lyon 方法的基础上做了一些改进。他们通过引入 8 个新的特征来描述时间—相位图或频域—相位图与脉冲轮廓曲线的相关关系,从而提高宽脉冲脉冲星的信噪比,将传统脉冲星二分类问题(脉冲星、非脉冲星)变为三分类问题(脉冲星、噪声、干扰信息),可在分类时降低假阳率;开发了一个由 5 种不同决策树组成的集成分类器,该方法使脉冲星的召回率提高了 2.5%,同时也提高了识别宽脉冲脉冲星的能力。集成分类器能够有效降低 LOTAAS 中识别出的假阳性候选体的百分比,可从 2.5%(约 500 个候选体)降低到 1.1%(约 220 个候选体)。Xiao 等人[29]提出了一种非参数脉冲星数据搜索技术,即伪最近邻中心分类器(PNCN),用于从脉冲星巡天数据集中识别可信的候选体。PNCN 算法能有效地解决不平衡数据流处理问题,相比于传统方法有更好的性能。

前面所论述的方法都是基于特征的方法,即先人为定义和提取脉冲星特征,再用分类器模型进行分类。现有的大部分定义的脉冲星特征主要来自 Keith、Eatough、Bates、Morello、Lyon 以及 Tan 的工作[17,24-28]。手工设计特征是不完美的,一些使用中的特征会对特定类型的脉冲星候选体造成不必要的和意想不到的偏差,因此特征自动学习的脉冲星分类方法成为重要的研究方向。尤其是深度学习技术的兴起,如卷积神经网络因其在图像识别等困难学习问题上的高精度而备受瞩目,现已被成功应用于脉冲星候选体筛选。朱炜玮等人[30]开发的脉冲星图像分类系统 PICS 采用集成学习的方法,融合了 SVM、ANN、CNN 和 LR 模型。第一层网络,利用 SVM、ANN 或 CNN 对 PRESTO 软件输出的 4 幅子图(见图 3-1)进行识别,并将多个分类器的分类结果输入到第二层逻辑回归模型中,最终输出脉冲星候选体的得分(分值为 0~1)。利用绿岸北天巡天数据集进行独立测试,PICS 在对 90008 个候选体打分排序的前 1%中,可以探测到 277 个脉冲星中的 264 个(召回率达到 95%),包括所有 56 个基本脉冲星和 208 个谐波。从技术上讲,PICS 是目前比较成功的脉冲星自动识别方法,在实际应用中表现出很高的精度,也被成功应用于许多大型射电望远镜的脉冲星巡天项目中。但 PICS 模型只运行在 CPU 上,导致模型运行效率受限,尤其对 CNN 运行效率影响较大。因此,可在 PICS 架构的基础上,利用 GPU 加速的 ResNet 网络替换 PICS 中的 CNN 网络,所设计的模型可以在 CPU 和 GPU 上并行运行,从而提高模型的运行效率。2017 年,郭平等人[31]提供了一种新的脉冲候选体识别方法。为了解决脉冲星候选体样本类别不均衡及样本不足的问题,郭平等人利用深度卷积对抗生成网络(deep convolution generative adversarial network,DCGAN),结合 SVM 模型,实现了脉冲星候选体的分类。其中,DCGAN 作为样本生成和特征学习模型,SVM 作为推理阶段的分类器。该框架不仅可以解决类不平衡问题,而且可以学习候选体的特征,不需要在预处理步骤中设计人工特征。该方法在 HTRU 和 PMPS 数据集上进行测试,验证了该框架的有效性和鲁棒性。该方法为解决类别不均衡分类问题提供了新思路。

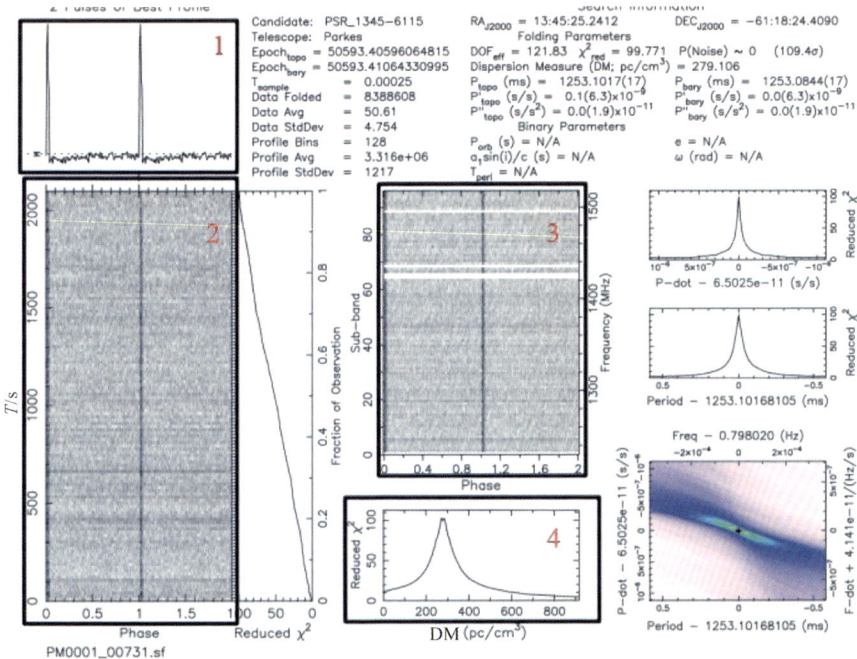

图 3-1　PRESTO 软件处理得到脉冲星样本[38]

3.1.5　快速射电暴搜寻技术

快速射电暴是指遥远宇宙中突然出现的短暂而猛烈的无线电波暴发,是一种持续时间为几毫秒的暂现射电脉冲信号。快速射电暴具有很高的流量,观测到的峰值流量高达数百央斯基(Jy)。由于快速射电暴的色散量大幅超过河内色散值,已被领域公认,是发生在银河系之外的宇宙现象。自 2007 年 Lorimer 等人[32]在重新处理 Parkes 望远镜对大小麦哲伦云天区脉冲星巡天数据时发现了第一个 FRB(FRB010724)后,现今已有超过 600 例 FRB 被探测到。大部分 FRB 只被探测到单次暴发,仅有约 1/5 呈现出重复暴发的现象。天文学界对于是否所有快速射电暴都会重复暴发正在展开激烈的讨论。

第一个快速射电暴是由邓肯·络里默(Duncan Lorimer)团队于 2007 年在对 Parkes 望远镜历史数据进行处理时发现。随着越来越多的快速射电暴和重复暴的发现,更多快速射电暴的宿主星系被定位[33-34],快速射电暴的宇宙学起源已经得到了天文学家的公认。遗憾的是,因为这些暴发持续时间很短,很难进行后续追踪,目前为止还没有弄清楚其本质。尽管关于快速射电暴的物理起源已有许多模型,但其前身星依旧是一个谜团。目前已有 50 多种起源模型被发表,包括宿主星系中超大质量黑洞喷流引起的中子星磁层磁重联[35]、河外脉冲星的超巨脉冲[36]及带电黑洞并合[37-39]等。观测到重复出现的快速射电暴,其物理起源将排除来源于天体毁灭等不可逆转变,如恒星塌缩、双星并合、灾难性的碰撞等。快速射电暴的产生机制、快速射电暴源的本质依然是未解之谜。快速射电暴的亮温度最高达 $10^{30} \sim 10^{40}$ K,持续时间为毫秒级,可以推断快速射电暴源的大小不会大于中子星或者恒星级黑洞,也允许大天体的小辐射次区域。与快速射电暴同样短的天文现象有软伽马重复暴(soft gamma repeater)的巨耀斑(giant flare),射电脉冲星的巨脉冲、子脉冲,脉冲微秒成分或者纳秒闪耀。根据已探测事件来估算,快速射电暴的全天发生率大约为 1 万次/天[34]。

事实上，相对脉冲星而言，快速射电暴的探测算法和信号特征更为简单。这是因为快速射电暴可省略单脉冲的观测效应以及高通量，并存在明显的观测特征，如高流量密度（比脉冲星高2～3个数量级）、宽频率辐射、大色散值、存在拖尾现象（脉冲轮廓不对称）、没有周期等重复性的单脉冲辐射。

扩大新快速射电暴观测样本和对快速射电暴重复暴进行更多高精度观测及细致研究（如快速射电暴的爆发时间和位置具有不可预测性），需要更多的望远镜、更多的时间来监测。只有这样，人们才有可能逐渐理解和揭示快速射电暴的物理起源。使用国内望远镜和SKA1继续搜寻、监测快速射电暴，有望观测到更多的事件，确定快速射电暴的位置，认识快速射电暴的本质，研究射电暴的产生机制，并开展基于快速射电暴的宇宙学研究。

国家天文台FAST望远镜可以开展快速射电暴的搜寻和观测，通过与国际上其他大望远镜的沟通协调，利用自身频带宽、视场小、高灵敏度的优势对快速射电暴预警进行后续观测，如图3-2所示。目前FAST所搭载的19波束接收机，覆盖目前快速射电暴主要观测频段（约1400MHz），在L波段具有高灵敏度和宽频率范围的巨大优势，有潜力成为探测低能量快速射电暴重复暴、测量和系统研究快速射电暴重复暴基本物理参数的利器。

图 3-2　FAST 探索快速射电暴

FAST 测量结果已对研究快速射电暴的起源和物理机制起到重要的推动作用。

(1)FAST 通过后随观测 FRB180301 发现了重复暴,并对多个毫秒闪现的重复暴做了偏振测量。令人激动的是,重复暴偏振位置角不仅仅是变化的,而且呈现出变化多样性。富于变化的偏振在早先重复暴观测是未看到的,FAST 观测的偏振变化多样性明确表明,宇宙中的爆发源可能来自致密星体磁层中的物理过程,观测结果有力否定了一批国际学者关于爆发来自粒子冲撞的理论,为存在多年 FRB 起源争论提供了重要的分辨作用[40]。

(2)2020 年 4 月,FAST 使用其 L 波段 19 波束接收机,对银河系磁星 SGR J1935+2154 软伽马射线重复暴源(soft gamma-ray repeater,SGR)进行持续监测。在 SGR J1935+2154 的 X 射线、伽马射线暴发活跃期,特别是 29 个软伽马射线暴对应的精确时间节点上未探测到任何源射电辐射。FAST 结合此前 CHIME 和 STARE-2 的探测,覆盖了 8 个数量级的亮度空间,在毫央斯基流量阈值上给出了这一 FRB 的迄今最严格的射电流量限制。FAST 结果表明,FRB 与 SGR 暴发具有较弱的相关性。这有几种可能原因:FRB 可能存在高度相对论性和特殊几何位形的集束效应;FRB 光谱可能很窄且大部分暴远离 FAST 观测波段;与 FRB 成协的 X 射线暴比较特殊。今后对河内 FRB 的更多观测可以判定哪种解释是正确的[41]。SGR J1935 的观测结果表明,磁星很可能是大部分 FRB 的起源,但也不能排除其他起源的可能性[42]。

(3)2019 年 8 月 30 日,在调试国家天文台 FAST 团组、段然团组及伯克利合作建设的专用 FRB 终端过程中,FAST 捕捉到 FRB121102 的活跃爆发,并得到多家望远镜跟进。在此后约 50 天的连续监测中,FAST 累计捕捉到 1652 个高信噪比的爆发事件,最高达到每小时 117 次的超高爆发率。这一前所未有的高时间密度样本,使得统计性的 FRB 天文物理研究成为可能。相关分析揭示了 FRB121102 的爆发率存在能量上的双峰结构,其主峰位于 4.8×10^{37} erg,有助于揭示快速射电暴的起源及物理机制。

　　FAST 的历史最强绝对灵敏度使其在射电瞬变源方面具有重大潜力。通过 FAST 的观测预期发现新的快速射电暴或重复暴,并限定快速射电暴的发生条件,有助于确定其发生周期,预测发生概率,帮助我们理解快速射电暴的产生机制。目前 FAST 正在对 SGR J1935＋2154 及其他一系列 FRB 源展开持续监测。自 2020 年 5 月发表了 FAST 第一例新快速射电暴[43],截至 2022 年,FAST 已经发现至少 5 个新快速射电暴源[44],探测到上千次 FRB 重复暴,正在为揭示这一宇宙中神秘现象的机制、推进这一天文学全新的领域做出独特的贡献。

3.1.6　展　望

　　人工智能(AI)和机器学习最有效的方法为深度学习,已成功应用于语音识别、图像视频分析、自然语言处理等领域,但在射电天文中的系统性应用研究还是一个空白。

　　为了有效实现全自动的、基于 AI 的判别模型,如何进行有效的脉冲星数据刻画、模型架构选择、核优化、模型参数训练等皆需射电天文专家和人工智能专家共同进行深入交流和探讨,以期发现更多特殊的脉冲星以及一些被人类忽略的科学发现,如谷歌的 AI 技术基于开普勒观测数据发现了“迷你太阳系”。通过国际合作,国内学者在相干消色散、脉冲星搜寻候选体智能识别等领域也有一些卓有特色的研究工作[45-46]。已系统调试完成进入正式科学运行的贵州 FAST 500m 以及筹建中的新疆奇台110m,云南景东 120m 脉冲星望远镜和未来的 SKA 等望远镜都将脉冲星搜寻都作为重要研究课题。

　　以发现脉冲星为样本的蒙特卡洛模拟表明整个银河系的潜在脉冲星数目共有大约 150000 颗。考虑到脉冲星辐射扫过地球的概率,可供探测的潜在脉冲星数目 30000±1100 颗。国内研究者在脉冲星领域的技术储备已为脉冲星搜寻提供了坚实的基础。无论正在开展 FAST 脉冲星巡天的还是后续的新建望远镜项目,都急需在脉冲星搜寻领域有技术突破。

在基本的脉冲星搜寻中,所需完成的工作为在周期(P)—色散量(DM)组成的两维空间中搜索稳定周期性脉冲信号。当前脉冲星巡天数据管理和搜索存在以下几方面问题。

3.1.6.1　计算资源消耗大、依赖强

脉冲星搜寻流程大致需要五步:第一步,消除数据中存在的明显 RFI(射频干扰信息)。第二步,消色散。在观测频率范围内按照不同频率 f 依赖的色散延迟时间取一系列试验 DM 值,对数据进行消色散处理,从而得到对应每一 DM 的时间序列。例如,DM 的取值范围为 $0 \sim 2000$,步长取 0.5,那么就需要循环 4000 次。正式搜寻过程中,DM 的取值范围会更大一些,步长也小得多。第三步,为寻找周期性,利用周期性特征在得到的功率谱中会表现为"尖峰"这一特征,对每一时间序列做快速 Fourier 变换(FFT)。第四步,任一周期性对应的 P、DM 值,将被作为参数对原始数据进行"折叠"操作,并生成脉冲星候选体识别文件。通常,通过处理一个搜索模式数据文件会得到多个候选体识别文件。第五步,所有得到的候选体将被进行识别和筛选。通过筛选的候选体,将会再次被实际观测而取得最终的确认。周期—色散循环的搜索过程不仅需要耗费大量计算资源,而且后期基于观测者经验或机器学习等程序辅助判断的候选体筛选和鉴别过程同样也需要耗费较多的时间。现有程序和计算模式对于DM 的处理过程是串行执行或者是手动并行,因此,耗时较多。消色散串行计算模式示意图如图 3-3 所示。

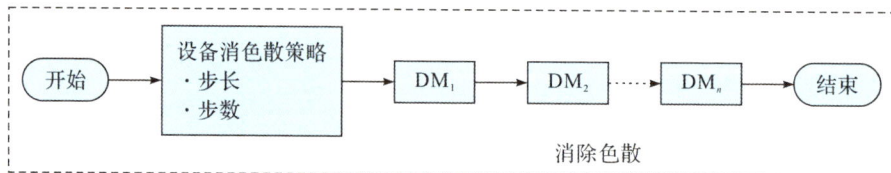

图 3-3　消色散串行计算模式示意

3.1.6.2　计算过程数据缺乏管理，不利于结果引用和回溯

FAST 数据规模庞大，需要采用数据库技术对巡天数据文件进行管理。然而目前被广为使用的澳大利亚 Parkes 脉冲星数据库，实际上是脉冲星星标，未能包含搜索过程和原始数据指针，已经有部分数据丢失。目前数据管理几乎无直接可借鉴经验，容易发生数据错乱或者冗余，存在重复调用和分析的可能，不便于管理和共享。另外，根据研究经验，脉冲星/FRB 数据分析处理需要保留中间结果，避免重复处理带来的时间和资源浪费。如果我们不根据 FAST 具体情况制订合理的数据管理和搜寻方法，必将造成观测资源闲置浪费和相关科学成果产出缓慢，甚至可能错失 FAST 科学发现的机遇期。

3.1.6.3　候选体识别和筛选缺乏自动筛选机制

正在开展的 FAST 多科学漂移扫描巡天项目，预期采集到的总数据量达数十 PB。按照每个 FAST 观测数据文件将产生约 100 脉冲星或 FRB 候选体计算，漂移扫描巡天预计产生 PB 级的数据量和约百万量级的脉冲星候选体。其中，可能包含 3000~5000 颗脉冲星。虽然 PEACE、PICS、SPINN 等基于机器学习的脉冲星候选体筛选程序已被初步开发，但测试效果并不让人满意。因此在实际处理巡天数据时，仍然需要人工依靠经验检视候选体识别图，这是一项人力密集型挑战。

此外，天文大数据存储不规范也严重影响了脉冲星的搜寻工作，因此，提高脉冲星数据管理规范化和信号搜索速度亦是提高寻星工作效率的重要研究内容。

3.2　天文数据处理技术

天文望远镜及相关观测设备种类众多，收集到的数据类型包括图像数据、射电数据、光谱数据等也存在较大差异。这种复杂、多模态、结构多样的海量天文数据，给天文学研究带来了重大挑战。

一般来说，天文仪器观测得到的数据不宜直接研究，通常需要进行数

据预处理。不少观测数据需要进行实时(或准实时)处理,如伽马暴、超新星等,尤其是射电望远镜,往往具有成百上千规模的阵元数,需要有每秒求亿亿次的实时处理能力[47]。

天文数据融合是数据预处理的重要内容。由于星体在天文数据中时常有不同的标识,故不同星表之间进行交叉验证较为普遍。两个星表交叉认证的复杂度为两者记录数之乘积[58],现在已经发展至十亿的数量级。值得注意的是,如今全波段巡天已经被广泛使用,得到了海量不同波段的观测数据,基于交叉认证,可以将这些星表整合,全面完整地展示观测的星体特征。时至今日,大规模的星表的交叉认证问题仍然是天文学与信息学科交叉领域的热点问题。

随着科研协作的加强,一种基于数据收集、处理、共享机制的虚拟天文台诞生了。自 2002 年 6 月起,全球天文学家共同打造了标准的 VO 框架平台,给出了天文数据的标准化生成、发布、访问的流程。通过 VO 平台,全球天文数据库系统间的访问标准得以统一,促进了交叉认证技术的发展。全世界诸多天文平台支持 VO 标准,并提供了标准化的接口。自 2002 年起,国家天文台开始布局天文信息技术,为天文超级计算、数据库、网格技术等领域做出了诸多贡献,相关成果支撑了 LAMOST 等大科学装置。紫金山天文台铺设了发达的传输网络,并成功实施 IPv6,高速稳定地传输观测数据。早在 2013 年,上海天文台的高性能计算就已经初具规模,拥有 1PB 的高速磁盘阵列、3 台 SGI Altix 系列计算机、分布式计算刀片平台、计算机集群等设施。随着智能计算技术的不断进步,数据密集型环境下的天文数据处理将发挥重要作用。2020 年的天文信息学学术年会上指出,现代天文学的发展离不开多学科交叉融合,以智能计算为代表的计算机技术极大地促进了天文学发展,并提出了云计算大数据技术的学科应用、超高 IO 网络软硬件系统,多波段多信使数据融合、高维海量数据的可视化等。

3.2.1　天文大数据存储

随着当代天文观测装置和手段的快速发展,天文学数据量急速膨胀,有学者指出其亦符合摩尔定律,即天文数据量每 20 个月增长 1 倍,因此天文大数据驱动的研究成为天文学发展的重要推动力[48]。现代天文学的测量单位为 TB 和 PB,未来甚至会是 EB[49]。例如,位于智利的大型视场望远镜(LSST)每晚观测得到的数据有 15TB;我国设计建造的郭守敬光谱巡天望远镜(LAMOST)每晚数据量有 20GB 的光谱数据;使用 13 波束接收机的 Parkes 64m 射电望远镜可观测得到 800 万个脉冲星候选体;500m 口径 FAST 望远镜则采用 19 波束,将产生亿级规模的脉冲星候选体[48-49]。

特别需要注意的是,当代天文学数据量大,面临着结构差异化巨大的挑战。望远镜观测到的数据通常包括光谱、天体图像、温度、紫外线、红外线、粒子、电信号等数据。从结构上说,天文数据存在着非结构化、半结构化、结构化数据并存的局面。这些因素都进一步增加了天文大数据处理的难度。

Liu 等人[45]对天文数据的特点进行了总结:天文数据具有海量性、多模式、空间性等特点,并且在光谱数据上呈现出高维度,在图像数据上呈现出高分辨率和多尺度。

天文大数据面临的首要挑战就是数据存储问题。由于经典的大数据分布式存储框架(如 MapReduce、Spark、Hadoop 等),通常不能提供密集计算的数据访问优化。为了应对这一挑战,Brahem 团队[50]在 Spark 基础上,扩展建立了一个低延迟、高效率的天文数据查询处理系统(Astro Spark)。该系统支持直方图、圆锥体搜索、交叉匹配等操作,通过引入数据分区和优化策略,最终实现对天文大数据的高效快速查询,如图 3-4 所示。

Loebman 等人[51]构建了一个针对生成与分析银河系的合并树的云服务系统——MyMergerTree。该服务以 Myria 并行数据管理系统为后端,D3 数据可视化库为图形前端,在 5TB 的数据集上进行演示,基本框架如图 3-5 所示。结果表明,尽管数据摄取可以优化,但并不是该问题的关键,现阶段的天文数据存储更需要自动摄取原始数据的工具。最优化查询仍然是当前的主要挑战,建立诸如 MyMergerTree 这样的垂直服务十分重要。

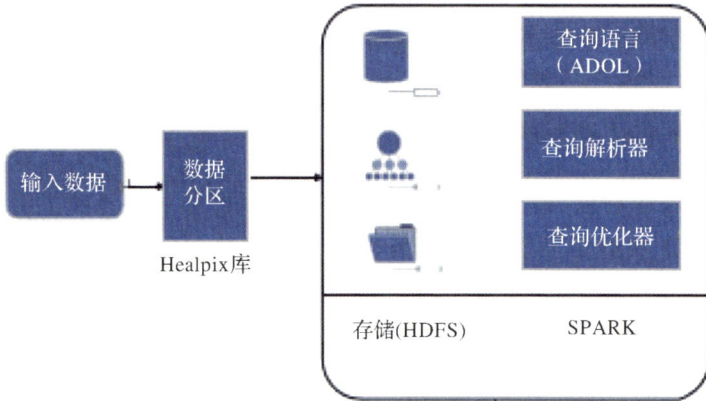

图 3-4　AstroSpark 架构

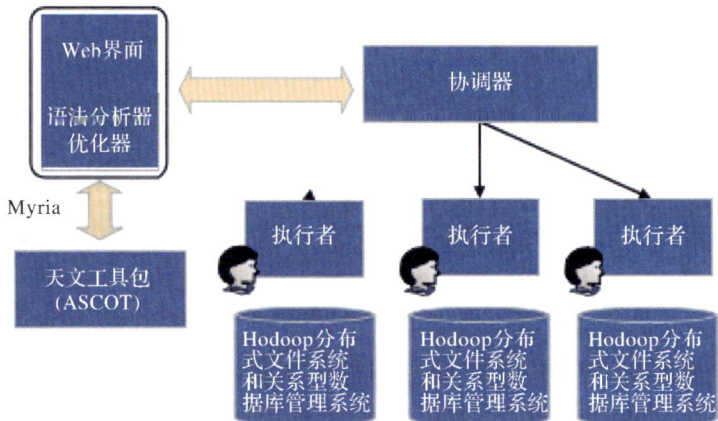

图 3-5　MyMergerTree 架构

中国科学院云南天文台的刘应波博士[52]针对太阳观测中数据量大、获取速率快、持续性增长等特征,基于分布式存储和压缩字对齐位图索引,设计了一米新真空红外太阳望远镜的快速存储和检索系统。该望远镜每小时产生约 1.2TB 的数据量,解决了存在数据的一致性损坏、部分丢失数据、实时处理能力较弱、索引开销耗时巨大和不能满足多维浮点型数据查询等缺陷,论文中的相关研究促进了我国这一领域的发展。

伯克利 AMP 实验室的 Zhang 等人[53]建立了一个现代大数据平台 Kira,以实现灵活、可扩展、高性能的天文图像处理。该算法在亚马逊 EC2 云上运行 Apache Spark。诸多测试结果表明,Kria 使用 Apache Spark 可以提高数据密集型应用程序的性能,如在 128 核集群上,可以实现二级处理延迟和 800Mbps 的持续吞吐量。此外,该研究还指出,Apache Spark 可以与预先存在的天文图像处理库集成,因此用户可以重用现有的源代码构建新的分析管道。

3.2.2 支持高通量的数字后端系统

以自相关的频谱仪、声光的频谱仪为代表的数字处理技术在射电天文学中应用极广。然而,随着近年来射电天文学的飞速发展,射电研究对高带宽、高频率、高时间分辨率和高实时数据处理能力的需求越来越迫切。高采样频率是宽带宽下的必然,这也意味着系统需要更高效的数据实时处理能力和更多的计算资源消耗。传统的自相关频谱仪和声光频谱仪已经难以满足这一需求,因此近年来广大学者开始运用 FPGA 和 ADC 进行高通量的数字后端处理,以实现数字信号的实时处理。

历经多年发展,目前 FPGA 芯片中的晶体管数目已经远超 10 亿量级,逻辑门数目以千万计,具有超高集成度,允许无限次的编程,实现功能灵活多样。

伯克利大学空间科学实验室的 Werthimer 团队在 2006 年发起了天文信号处理与电子学合作研究(collaboration for astronomy signal processing and electronics research,CASPER)[54]。该计算平台基于 FPGA 和组件模块化,软硬件皆可持续进行更新和扩展,移植性极强,以期实现在不同天文领域的应用。Interconnect Break-Out Board(IBOB)系统是基于 CASPER 开发的第一代频谱仪,采用了 Xilinx 生产的 FPGA Virtex-

Ⅱ,在双路 ADC 下采样率为 1GSPS,此外还有 4 路 250MSPS 的 ADC 与 DAC,能够较好地对射电信号进行数字化、下变频、快速傅里叶变换等操作[55]。第二代频谱仪(Berkeley Emulation Engine 2,BEE2)则在第一代基础上进行了大幅度的提升,其将原有的 FPGAVirtex-Ⅱ升级为 5 块的 XilinxVirtex-ⅡPro2VP70,共可提供 400GB 的存储带宽[56]。每个伺服 FPGA 设置了高速串行通道,借助光纤或铜线,数据传输速率可达 10Gbps。得益于 138 个高速 LVCOMS,伺服 FPGA 之间的数据传输速率为 400Mbps。ROACH(Reconfigurable Open Architecture Computing Hardware)作为第三代系统,搭载了更加强大的 Virtex-5 芯片,性能更加强大,几乎是第一代和第二代功能的集成[57]。最新的第四代 ROACH2 使用了 Virtex-6 芯片(图 3-6),大幅度提升了存储带宽和处理能力,并支持 3Gbits/s8bits,550Mbits/s12bits 两种高速模数转换[58]。

图 3-6   ROACH2 实物[43]

近年来,我国亦开始设计制造的可配置模拟数字后端 CRANE(China Re-configurable ANalog Digital backEnd),与当前最新的宽带接收机技术相比,该系统预期有以下优势。

(1)自主研发能够数字化控制的模拟信号前端电路板。基于 FPGA 上的数字变频,实现多频段的灵活、高效、完整调控,使系统可以灵活自由地适应不同波段和功能的接收机。同以美国为代表的国际天文学界当前仍采用购买商业频率综合器和电源等现成设备的手段相比,CRANE 通过数字系统的灵活性,极大降低望远镜的噪声和频率属性带来的影响,同时大幅度降低成本。

(2)CRANE 基于日趋成熟的 12bit3GSPS 和 10bit5GSPS 模数转换芯片技术实现 AD 和 DA。更重要的是,其通过运用 FPGA 并行实现高精度、超宽带、低频域覆盖。

(3)通过将多级 FFT、FIR 滤波等相结合的方式,辅以 FPGA 上运行的 Firmware,实现最多的 FFT 通道数和最高频率分辨率(在 12bitADC、3GHz 带宽和 10bitADC、5GHz 带宽下)。最终的新系统搭载 Xilinx 旗下的 Virtex Ultra Scale FPGA 频谱仪,能进行最完整的时域数据存储,低带宽谱线模式和高带宽谱线模式下最低频谱分辨率分别为 60Hz 和 30500Hz,此外,系统还可进行非相干消色散与相干消色散等脉冲星搜索任务。

从最开始的将 FPGA 引入射电天文信号处理领域,将搜索到的天文信号快速地从时域转换到频域;到配备有 GPU 的高性能计算节点实现整套数字信号的实时处理,实时绘制出搜索到天文信号的瀑布图;到配备有基于 RFSoC 芯片的接入带宽更宽,接入路数更多的 FPGA 以及实时接入多路 25Gbps 基带数据的 GPU,整套系统能够对多路输入信号进行实时处理;最新的 FPGA 支持 PCIe4.0 协议,可直接插到高性能服务器的 PCIe 插槽上,实时接入 100Gbps 数据,单路的数据带宽为 2Gbps。数字后端系统开发平台的发展趋势如图 3-7 所示。

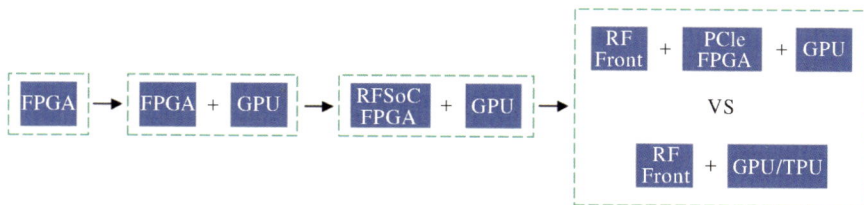

图 3-7 数字后端系统平台发展趋势

3.2.3 射电天文学下的自适应滤波

随着商用、民用、军用对无线电的广泛应用,每年的甚高频、超高频和微波频段上的 RFI 对射电天文学有极大的影响。为了消除和避免 RFI 对于射电观测信号的影响,即使对于偏僻地区的望远镜,也需要采用干扰消除手段。传统的技术方案包括射频干扰屏蔽罩、射频干扰滤波器、数据消除干扰处理等。国家天文台的段然团队立足 FAST 的主要科学目标,参考伯克利大学 CASPER 系统,进行 CRANE 系统研发和测试,完成了对 RFI 信号的消减以及快速射电暴的探索算法设计和硬件实现。

20 世纪 60 年代,自适应干扰消除被引入雷达和无线通信。但这种技术主要针对模拟信号,难以直接移植到射电天文学中。到 20 世纪 60 年代中叶,数字自适应干扰消除技术的成熟,即应用带宽从几十千赫兹拓展到几兆赫兹,这种减小低频系统射频噪声的方法很快被引入射电天文学中。由于自适应滤波无须输入任何射电信号的先验信息,加之计算量较小,实时数据处理能力特别强,在消除射电天文中的射频干扰上有着重要的价值和广泛的实际应用。

3.2.4 展　望

随着天文观测的不断深入,针对大规模天文数据的处理愈发重要。近年来,随着存储设备、半导体、芯片等产业的飞速发展,支持大数据存储、高通量传输、超宽带接收机将成为主流,世界主要射电望远镜均展开了相关研究。可以说,高分辨率的超宽带望远镜将在探索宇宙新成分、发现新脉冲星、探索宇宙演化中起到关键作用,是未来的重要发展方向,也是最具挑战性的探索性项目。

一方面我们开始追求对天文大数据的实时处理,这可在高精度超高速的数模转换芯片和 FPGA 加持下,成为可能。另一方面,现代天文观测不再是以往的单一频带巡天,对望远镜的带宽提出了更高要求,通常要求望远镜的带宽可变,能够胜任超宽带的观测任务,这也使我们得以观察到很多以往不曾察觉的天文现象。

事实上,超宽带接收机已经是世界射电望远镜领域的主要发展方向,尤其是针对未来的 SKA 工程。德国马普射电所早已于 2012 年将 Effelsberg 100m 望远镜研发超宽带接收机并进行了试观测。美国通过接收机再升级,将甚大阵 VLA 更新为 EVLA。为应对新的脉冲星计时观测,美国 GBT 望远镜已经开始布局 0.5G～3GHz 的超宽带接收机。此外,澳大利亚的 Parkes 望远镜、美国的 Arecibo 望远镜也都宣布考虑进行接收机升级。澳大利亚西部的 MWA(Murchison Widefield Array)干涉阵望远镜采用比较先进的数字终端架构,应用波段为 80M～300MHz,当前能够准确完成对 70M～103MHz 带宽内的月亮运动的观测和其他简单的巡天任务[45]。

从目前的研究来看,具备高集成度、灵活设计、高效率、低功耗的 FPGA 将会是未来接收机设计的主要器件,可有效缩短设计成本和时间。基于 FPGA 灵活的输出输入接口、高速的并行处理能力、强大的逻辑功能,完全可以将天文大数据转换为频谱信息,实现全部带宽覆盖和高通量传输。

此外,随着巡天数据规模的不断增大,数据存储管理不规范带来的不良影响越明显,亟须新型天文大数据存储架构。事实上,随着现代大型天文观测设备的数字终端技术和数据采样率的提升,脉冲星巡天项目的采集数据量从 TB 量级增长至 PB 量级,这样大规模的数据综合管理、分析、共享和应用是一项极其艰巨的任务。即将在早期科学阶段开展的 FAST 超宽带接收机脉冲星漂移扫描巡天项目也采用高时间、高频率分辨率,时间与频率分辨率的提高,进一步加速数据产生速率,数量级地扩大数据量规模。FAST 19 波束每日巡天 8 小时将采集到近百 TB 量级的数据,全年可工作 200 余天,累计数据将很快增长至 PB 量级,且按照相关科学要求,巡天数据至少要保存 10 年。仅 FAST 脉冲星巡天项目,采集到的总数据量将达 PB～EB。因此,提高脉冲星数据管理规范化和信号的搜索速度已成为 FAST 数据处理和科学成果产出的迫切需求。

3.3　数据挖掘技术

3.3.1　主要技术路线综述

随着天文观测技术和设备的不断提升,天文数据量呈爆炸式增长,以天文信息学为代表的结合机器学习和人工智能技术的天文学研究工作蓬勃发展。神经网络、随机森林、支持向量机等技术都开始应用于其中,并发挥积极的作用。

天文数据通常按照二维图像和一维光谱的形式记录,预处理后的二次数据则一般为位置、质量、大小等。这些丰富的观测数据既可以进行单独纪元的分析,也可以进行随时间尺度变化的分析。因此,当代天文学的数据量呈井喷式增长。21 世纪初,天文学界已经逐步达成共识,天文学迈入了数据驱动的时代,数据挖掘是未来一段时间内天文探索的重要手段。

意大利卡波迪蒙特天文台的 Brescia 等人[60-61]开发了一种基于 Web 和虚拟天文台技术的分布式天文数据挖掘框架(DAMEWARE),专门应用各类机器学习算法进行海量数据集搜索。DAMEWARE 允许使用者通过 Web 浏览器使用多种数据挖掘算法,如分类、回归、聚类等。功能层次结构如图 3-8 所示,可用的数据挖掘模型和功能见表 3-1。

随着机器学习不断趋于成熟,以机器学习为主要技术手段的数据挖掘被广泛应用在诸多天文学研究中。例如,神经网络或其他人工智能方法已被用于提升测光红移度量策略的性能[62-65]。随机森林已被用于识别 Pan-STARRS 图像中的瞬态特征[66],也被用于大尺度纤维状结构的识别和分类[67]及恒星参数的推断[68]。生成对抗网络(generative adversarial network,GAN)[69]被用来恢复星系天体物理图像中的特征,其性能远超传统的反卷积技术,能够更好地从有噪声低分辨率成像数据中恢复星系形态详细特征,显著提高了研究现有天体物理对象数据集和运用大型观测设备的能力[70]。这部分技术主要运用有监督学习技术,缺点是过于依赖对原始数据集的标定。

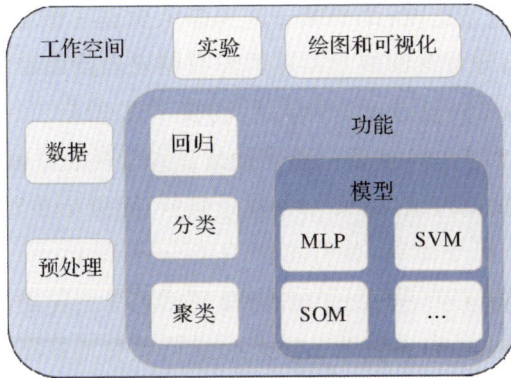

图 3-8　DAMEWARE 套件功能层次结构

表 3-1　**DAMEWARE 中可用的数据挖掘模型和功能**

模型	算法名称	类别	功能
MLPBP	具有反向传播的多层感知器	有监督的	分类、回归
FMLPGA	遗传算法训练的快速 MLP	有监督的	分类、回归
MLPQNA	拟牛顿近似的 MLP	有监督的	分类、回归
MLPLEMON	带有 Levenberg-Marquardt 优化网络的 MLP	有监督的	分类、回归
SVM	支持向量机	有监督的	分类、回归
ESOM	进化自组织映射	无监督的	聚类
K-Means	K 近邻	无监督的	聚类
SOFM	自组织特征映射	无监督的	聚类
SOM	自组织映射	无监督的	聚类
PPS	概率主曲面	无监督的	特征提取

随着巡天数量的持续爆炸式增长,传统的人工对观测数据集进行标定的方法难以维持,完全自动化的数据分析的无监督学习技术产生较大需求。无监督学习是指在没有类别标签的前提下,通过对所研究对象的

大量样本的数据分析实现对样本分类的一种数据处理方法[71]。事实上，无监督学习已经应用在测光红移估算[72-73]，斯隆数字巡天(sloan digital sky survey，SDSS)数据异常值检测[74]，基于数据库搜寻星系团[75]，基于光谱或测光特征的天体分类[76-77]等诸多领域。无监督学习的技术特点如表 3-2 所示[78]。

表 3-2　无监督技术特点

方法	准确性	可解释性	简便性	速度
K 近邻	高	高	高	中
核密度估计	高	高	高	高
高斯混合模型	高	中	中	中
反卷积	高	高	中	中
K 均值	低	中	高	中
最小化最大径	低	中	中	中
均值漂移	中	高	高	中
分层聚类	高	低	低	低

现代天文学借助数据挖掘为代表的人工智能技术，在诸多领域取得了进展。基于数据挖掘的计算天文学有广泛的应用前景，受到了学术界的高度重视。根据 Fluke 等人[49]提供的数据，2017 年 1 月—2019 年 2 月，与机器学习相关的 200 篇论文的技术路线与天文数据类型间的关联如表 3-3 所示[60]。

表 3-3　相关论文技术路线与天文数据类型间的关联

类型	分类	回归	聚类	预测	生成	发现	洞察
图像	√	√	√	√	√	√	√
光谱	√	√				√	√
测光	√	√	√	√		√	√
光度曲线	√	√				√	√
时间序列	√	√	√			√	√
目录	√	√		√		√	√
仿真	√	√			√	√	

3.3.2 聚类和密度估计

Ivezič 等人[78]对与天文数据挖掘相关的技术背景和发展脉络进行了细致介绍。天文数据挖掘主要可分为点数据集的结构搜索、数据降维、回归与模型拟合、分类、时间序列分析。其中,点数据集的结构搜索主要包含聚类和密度估计。聚类在天文学中是指寻找多元点(或源组)的聚合体,可以被定义为显著的物体(如受引力束缚的星系团)或具有公共属性的松散源组(如基于颜色特性的类星体识别)。密度估计包括近邻密度估计、非参数密度估计、参数密度估计等,可应用在诸如 SDSS 数据"长城"内星系的核密度估计等场景中。

3.3.3 数据降维

快速高效地从大规模、高复杂度的天文数据中提取与关注科学问题相关的属性是天文数据挖掘的重要命题,如从 SDSS 数据集图像中获取任意源的任意数量的特性,基于此,降维技术在天文数据挖掘中广泛应用。主成分分析(principal component analysis,PCA)和非负矩阵分解(nonnegative matrix factorization,NMF)均为常见线性降维手段,有研究表明,应用主成分分析可证明 SDSS 数据集中光谱前 10 个特征向量表示了 94% 的方差[78]。线性模型可以较好地描述静止星系,但发射线星系和类星体使用线性模型描述光谱则较为复杂,需使用非线性方案实现降维。流形学习可实现这种非线性降维,尤其适合处理维度为 4000 的银河系或类星体光谱。来自华盛顿大学的 Vanderplas 等人[79]首次将流形学习应用到星系光谱分析中,并指出仅需 2 个非线性组件即可恢复线性模型下需求几十个组件的光谱数据。伦敦大学学院的 Roweis 等人[80]在《科学》(Science)上撰文指出局部线性嵌入(locally linear embedding,LLE)作为一种无监督式的学习算法,可将高维数据嵌入到低维空间中,同时保留每个点的局部领域几何形状,目前已经应用在星系光谱[79]、恒星光谱[81]和光度学曲线[82]等研究。独立成立分析(independent component analysis，ICA)则被应用于星系光谱挖掘中。天文数据降维技术特点见表 3-4[78]。

表 3-4　天文数据降维技术特点

方法	准确性	可解释性	简便性	速度
主成分分析	高	高	高	高
局部线性嵌入	高	中	高	中
非负矩阵分解	高	高	中	中
独立成分分析	中	中	低	低

3.3.4　数据分类

数据分类是计算天文学中的最重要的研究领域之一，可应用生成分类、K 近邻分类、判别分类、支持向量机、决策树、神经网络等手段，主要技术特征如表 3-5 所示[78]。相比于传统的分类技术，基于机器学习的分类技术不再依赖于特定的形状参数或阈值，而是先给出一种普适性的模型，输入需要分类的星体和标签，机器通过学习，基于训练集生成一个分类器。

基于机器学习的分类技术目前已经成功应用在天体辨识、星系形状分类、脉冲星候选体筛选、仿真图像生成等领域。例如，比利时根特大学的 Dieleman 等人[83]和美国明尼苏达大学的 Willett[83]基于机器学习分类技术，提出了一种基于 CNN 的星系形态分类模型，对与 Galaxy Zoo 参与者高度一致的图像，达到了 99％以上的准确性。法国 Huertas-Company 等人[84]沿着这一策略，继续使用 ConvNet 将宇宙集成近红外深场系外巡天（cosmic assembly near-infrared deep extragalactic legacy survey，CANDELS)的星系自动区分为 5 种形态。赫特福德郡大学的 Hocking 等人[85]基于哈勃望远镜，仅使用像素数据进行无监督的机器学习星系形态自动分类，并应用于 HST CANDELS 数据集，创建了约 60000 种类别。罗伦斯科技大学的 Kuminski 等人[86]建立了由计算机生成的 300 万个

SDSS 星系的视觉形态分类目录,与 Galaxy Zoo 上去偏差的"superclean"
数据集的统计一致率约为 98%[86]。

表 3-5　数据分类技术特征

方法	准确性	可解释性	简便性	速度
朴素贝叶斯分类	低	高	高	高
混合贝叶斯分类	中	高	高	中
核判别分析	高	高	高	中
神经网络	高	低	低	中
逻辑回归	低	中	高	中
支持向量机(线性)	低	中	中	中
支持向量机(核)	高	低	低	低
K 近邻	高	高	高	中
决策树	中	高	高	中
随机森林	高	中	中	中
集成学习	高	低	低	低

　　法国天体物理学空间研究和仪器实验室(LESIA)的 Huertas-Com-
pany 团队[87-89]连续发表多篇论文,研究了利用支持向量机技术进行星系
形态分类,如在 SDSS DR7 上的 70000 个星系进行 4 种类型(E、S0、Sab、
Scd)的形态学自动分类。该团队给出了 galSVM 工具,包含建立训练集、
样本上度量形态学参数、基于部分样本训练 SVM 学习器、用训练过的学
习器进行分类 4 个过程[88]。近年来,卷积网络开始被用于射电星系的分
类工作[85],而超新星分类则开始尝试使用深度递归网络[86]。

　　未来,基于人工智能的自动化数据分类将是计算天文学的重要组成
部分,是处理天文大数据的基石之一。

3.3.5　回归分析

　　回归分析同样是天文数据挖掘的重要组成部分,包括主成分回归、核

回归、本地线性回归、非线性回归、高斯过程回归等。一个典型的案例是利用深度学习进行宇宙投影物质分布的预测，基于 CNN 建立宇宙投影物质分布与宇宙学参数的回归模型，从而依据新输入高效反馈宇宙学参数[90]。未来回归技术很可能进一步应用在诸如星系技术、引力透镜、宇宙微波背景温度中。

3.3.6　展　望

通过数据学习进行自动化分类、预测、生成新数据的机器学习，以及人工智能已经在天文学中确立了牢固的地位。目前主要应用在类、回归、聚类、预测、生成、发现和发展新的科学见解等 7 大类别。涉及的神经网络、随机森林、支持向量机等方法已经在诸如发现太阳系外行星、预测太阳活动、类星体、引力透镜系统、瞬变物体、引力波天文学中区分信号和仪器效应等领域取得了重要进展。随着 SKA 天文台逐步建成，未来会以每秒数 TB 量级产生数据，将在天文大数据量级上达到新的高度。早在 2018 年 11 月，SKA 组织就发布了第一期科学数据挑战赛，参赛者需要从高清图片中对天体进行识别和分类。上海天文台的安涛团队基于金字塔网络，进一步提高残差网络的深度，实现了在一张图中快速检测多天体的河图人工智能系统，单张图仅耗时万分之一秒[91]。

国家天文台的李楠撰文指出，机器学习在解决天体物理学问题上有覆盖范围广，普适性好；数据驱动，上限明显高于传统方法；开发难度越来越低，移植性好这 3 个优点。上述优点使机器学习在大数据时代的天文学中应用越来越广。

目前机器学习应用在天文学的缺点在于对数据的依赖性和可解释性。多数机器学习策略依赖于数据，且在特定场景下缺乏特定的数据，如在脉冲星候选体筛选中，正例与负例严重不平衡，这要求研究者尽可能构建出合理的训练样本，从而导致结果严重依赖于训练数据的生成模型。可解释性一直是机器学习的短板，不过近年已有不少学者展开了机器学习在天文学中应用的可解释性研究。例如，Yan 等人[90]基于 CNN，利用谷歌的 Deep-Dream 工具探索星系团重构中的数据点影响力的解释性。

3.4　面临的挑战与机遇

天文学是当前物理科学领域无可争议的热点前沿，近 10 年，诺贝尔物理学奖已经五次授予做出重要发现的天文学家。随着 FAST、ALMA、SKA 等大型望远镜的陆续投入使用，天文学将同时面临海量天文数据和黄金发展期。目前天文学界已经难以应对超大数据规模与超高复杂度的天文大数据，例如，当前的软硬件平台难以处理 PB、EB 量级的数据。以传统的人工方式去进行天文巡天数据的存储、处理和挖掘已经成为过去时，智能计算技术是解决天文大数据问题的必由之路。

其中，作为计算天文学最重要应用领域——AI 寻星，主要面临以下五大挑战。

3.4.1　天文人工智能模型设计

脉冲星数据集的正负样本极其不均衡，正样本极其稀少，仅从时间相位图、频率相位图或者色散曲线等单一模态无法做出充分判断，这些将对人工智能模型的求解带来极大挑战。因此，未来 AI 寻星的关键一环在于如何结合脉冲星数据的特点进行人工智能模型的使用和设计。为解决上述问题，一方面，我们可以从增强子模态网络的特征提取能力开始，如选取合适的网络结构以及引入注意力等提高模型对信号的特征提取能力；另一方面，可以尝试不同模态信号特征的融合，使用多模态深度融合模型对巡天数据候选体的多个信号进行特征提取，让模型充分地学习到不同模态信号之间的关联关系。

当前，基于深度学习的脉冲星搜索算法一般只采用对不同模态信号分别进行打分，通过后端融合方法与判别结果进行融合。此类方法忽略了信号特征间的关系，如一个噪声候选体可能有某个模态的信号呈现脉冲星的特征，但对该模态信号进行单独训练时，模型学习到的标签值却是负样本标签。

3.4.2　海量天文无标注数据处理

如何充分利用射电天文中海量无标注数据进行脉冲星搜寻(或者其他科学任务)是一项重大挑战。脉冲星搜索将产生海量的没有标注信息的脉冲星候选体信号。此外,脉冲星的不同模态信号之间存在固有联系,例如,脉冲星的积分轮廓图,即时间—相位分布图是对时间进行积分或频率—相位分布图是对频率进行积分得到的。候选体数据中不同信号间的固有关系使充分利用海量无标注数据对脉冲星搜索模型进行优化成为可能。当前,基于深度学习的脉冲星搜索技术一般只使用有监督的训练方法,这将在缺少专家经验及无法提供大量标注成本的情况下,因训练数据有限,而导致模型表征能力不强,极大降低了人工智能模型的正确性。

针对这个问题,一方面,可以利用脉冲星特征之间的关联关系,设计自监督预训练辅助任务对搜索模型进行优化;另一方面,针对脉冲星数据正负样本极其不平衡的问题,可以采用主动学习等学习策略,从海量的负样本数据中挑选具有价值的负样本以维持训练数据的平衡,使模型能在海量的数据中更好地完成迭代。

3.4.3　天文人工智能模型泛化能力提升

望远镜种类、观测配置、观测区域等因素都可能导致巡天数据之间存在一定差异,而这些差异会导致模型虽然在训练数据上表现良好,但在其他数据上预测的准确率和召回率明显降低。如何利用不同望远镜数据在不同数据域上保证人工智能模型的泛化能力和稳健性是未来要应对的重大挑战。

为了提高人工智能模型的泛化能力和稳健性,我们需尽可能地忽略不同数据之间的浅层差异,让模型学习到不同数据之间的公共深层特征。领域自适应等迁移学习方法可以用来解决这些问题,它的基本思路有多种,如使模型学习到域不变的特征嵌入实现跨域泛化,或使用最大平均差异此类的距离度量显示地进行特征对齐,或是特征解耦等方案。这些方法可以使模型面对不同域或者不同分布的数据时,有较优的泛化能力,使模型的表征能力不受制于特定的数据集。

3.4.4 非脉冲星周期搜索方法的巡天数据建模

当前的另一大挑战是,除了基于脉冲星周期搜索方法之外,如何使用其他的数据形式对巡天数据进行建模。事实上,现有的脉冲星周期搜索方法需要对数据在时间维度上进行折叠,因此只适用于周期较短的脉冲星信号,而对于周期较长或无明显周期的脉冲信号,可使用其他搜索方法,如单脉冲搜索等。一般来说,单脉冲图像也具有较明显的脉冲特征,如在色散—时间图上具有明显的纺锤体或信噪比—色散图上有明显的符合一定特点的峰。现有的单脉冲搜索通常是基于规则的方法,如拟合信噪比—色散图的曲线等方法,而结合计算机视觉的方法则可考虑使用图像分类或目标检测等方法对单脉冲图像进行识别和判断。单脉冲搜索的优点是适用于寻找周期较长,或单独的无明显周期性的脉冲信号,但对于周期较短的密集信号的识别能力可能较弱。

目前,单脉冲搜索方面存在严重的数据不平衡和数据缺乏问题,可以考虑结合 GAN 或半监督学习的方法来解决。

3.4.5 脉冲星搜索方法计算复杂度降低

脉冲星原始数据量大,基于人工智能或者传统的脉冲星搜索方法的计算复杂度都很高,需要依托大量的计算资源,搜寻算法的优化将会极大减少计算资源及提高搜寻效率。脉冲星搜寻的计算复杂度主要由脉冲星特征提取和 AI 模型预测这两个重要部分决定。

为了解决以上问题,一方面,我们可以采用分布式计算来进行海量脉冲星数据的预处理,缩短特征提取所需要的时间损耗;另一方面,可以聚焦于优化模型训练和预测的速度,尽量使用轻量化模型及尝试分布式机器学习(如可适配 FPGA),来降低模型预测的时间消耗。脉冲星数据规模大,数据相关度低,适合分布式机器学习的实现。分布式机器学习的关键是在训练和推理的过程中,如何进行数据解耦,实现模型参数的分布式学习,尽量减少数据传输和随机访存。最后,还可从硬件层面入手,如采用混合计算架构,将设计的算法利用数据软件工程的实施思路,研究整个处理流程的合理划分,按照成熟代码用成熟度适中的用 ASIC(application specific integrated circuit,专用集成电路),功能单一的用 FPGA,成熟度低的用 GPGPU(general-purpose computing on graphics processing units,通用图形处理单元)等,提升脉冲星搜寻的效率。

　　幸运的是,传统天文学研究方法面对上述挑战时的缺陷恰好可以由智能计算弥补。由此可见,计算天文学正处于发展的黄金时期,极有可能带来新的重大基础科学发现。例如,2020 年有学者通过对银河系 20 年观测历史数据的再挖掘,指出银河系中心附近区域非常可能存在数以千计的黑洞。随着天文巡天数据的持续增长,存储的海量数据所蕴含的信息量不断增加,也许其中就蕴含了重大的天文发现,等待着我们去运用智能计算技术进行获取。从智能计算的角度而言,通过建设先进的超算平台,新型定制化的计算集群将有效应对射电巡天数据处理等领域对高性能计算的迫切需求;大数据一体机可作为 PB 量级的数据处理和存储的解决方案,可借助于这一模式解决超大规模巡天数据的存储和处理;类脑计算等人工智能技术的发展和成熟,将有效促进天文大数据的深度数据挖掘;同时可辅以分布式和并行化方法,进一步提升计算天文学方法的工作效率。

　　未来,计算天文学应重点聚焦下述问题。

　　(1)无监督的自动化数据的特征提取。特征提取是天文大数据智能分析的基础所在,直接决定了智能计算系统的性能和鲁棒性。未来可从传统的策略或新型深度学习模型出发。

　　(2)数据集的预处理。数据爆炸并不意味着有效数据富足,在一些特定场景下,我们仍将面临数据短缺的问题。如在计算天文学应用广泛的脉冲星候选体筛选中,就存在不平衡数据集、小数据集的问题。

（3）如何将天文学与智能计算有机融合，运用天文学知识进一步提升高性能计算的能力，设计在天文学场景下能力出众的计算架构，以期完成更大规模的天文学数据处理或模拟。

（4）计算天文学研究的可解释性探索问题。相信随着计算天文学的不断发展，人类终将打开海量天文大数据所蕴含的巨大信息宝库，获取更多的宇宙奥秘。

参考文献

[1]Hewish A，Bell S J，Pilkington J D H，et al. Observation of a rapidly pulsating radio source（reprinted from Nature，February 24，1968）[J]. Nature，1969，224（5218）：472.

[2]Hankins T H，Rickett B J. Pulsar Signal Processing[M]//Bruce A. Methods in Computational Physics：advances in research and applications. Amsterdan：Elsevier，1975，14：55-129.

[3]Clifton T R，Lyne A G，Jones A W，et al. A high-frequency survey of the galactic plane for young and distant pulsars[J]. Monthly Notices of the Royal Astronomical Society，1992，254(2)：177-184.

[4]Stokes G H，Taylor J H，Weisberg J M，et al. A survey for short-period pulsars[J]. Nature，1985，317(6040)：787-788.

[5]Stokes G H，Segelstein D J，Taylor J H，et al. Results of two surveys for fast pulsars[J]. The Astrophysical Journal，1986，311：694-700.

[6]Segelstein D J，Rawley L A，Stinebring D R，et al. New millisecond pulsar in a binary system[J]. Nature，1986，322：714-717.

[7]Johnston S，Manchester R N，Lyne A G，et al. PSR 1259-63：A binary radio pulsar with a be star companion[J]. The Astrophysical Journal，1992，387：L37-L41.

[8]Stappers B W，Hessels J W，Alexov A，et al. Observing pulsars and fast transients-with lofar[J]. Astronomy & Astrophysics，2011，530：A80.

[9]Stovall K，Ray P S，Blythe J，et al. Pulsar observations using the first station of the long wavelength array and the lwa pulsar data archive[J]. The Astrophysical Journal，2015，808(2)：156.

[10]Eatough R P，Keane E F，Lyne A G. An interference removal technique for radio-

pulsar searches[J]. Monthly Notices of the Royal Astronomical Society, 2009, 395 (1): 410-415.

[11]Clifton T R, Lyne A G. High-radio-frequency survey for young and millisecond pulsars[J]. Nature, 1986, 320: 43-45.

[12]Navarro J, Anderson S B, Freire P C. The arecibo 430 MHz intermediate galacticlatitude survey: Discovery of nine radio pulsars[J]. The Astrophysical Journal, 2003, 594(2): 943.

[13]Edwards R T, Bailes M, van Straten W, et al. The Swinburne intermediate-latitude pulsar survey[J]. Monthly Notices of the Royal Astronomical Society, 2001, 326 (1): 358-374.

[14]Faulkner A J, Stairs I H, Kramer K, et al. The parkes multibeam pulsar survey V: Finding binary and millisecond pulsars[J]. Monthly Notices of the Royal Astronomical Society, 2004, 355(1): 147-158.

[15]Burgay M, Joshi B C, Amico N D, et al. The parkes high-latitude pulsarsurvey[J]. Monthly Notices of the Royal Astronomical Society, 2006, 368(1): 283-292.

[16]Manchester R N, Lyne A G, Camilo F, et al. The Parkes multi-beam pulsar survey I: Observing and data analysis systems, discovery and timing of 100 pulsars[J]. Monthly Notices of the Royal Astronomical Society, 2001, 328(1): 17-35.

[17]Keith M J, Eatough R P, Lyne A G, et al. Discovery of 28 pulsars using newtechniques for sorting pulsar candidates[J]. Monthly Notices of the Royal Astronomical Society, 2009, 395(2): 837-846.

[18]Rosen R, Swiggum J, McLaughlin M A, et al. The pulsar search collaboratory:Discovery and timing of five new pulsars[J]. The Astrophysical Journal, 2013, 768(1): 85.

[19]Swiggum J K, Rosen R, McLaughlin M A, et al. PSR J1930-1852: A pulsar in thewidest known orbit around another neutron star[J]. The Astrophysical Journal, 2015, 805(2): 156.

[20]Lee K J, Stovall K, Jenet F A, et al. PEACE: Pulsar evaluation algorithm forcandidate extraction-a software package for post-analysis processing of pulsar survey candidates[J]. Monthly Notices of the Royal Astronomical Society, 2013, 433(1): 688-694.

[21]Stovall K, Lynch R S, Ransom S M, et al. The green bank northern celestial cap

pulsar survey I: Survey description, data analysis, and initial results[J]. The Astrophysical Journal, 2014, 791(1): 67.

[22]Barr E D, Champion D J, Kramer M, et al. The northern high time resolutionuniverse pulsar survey I: Setup and initial discoveries[J]. Monthly Notices of the Royal Astronomical Society, 2013, 435(3): 2234-2245.

[23]Deneva J S, Stovall K, McLaughlin M A, et al. Goals, strategies and firstdiscoveries of AO327, the arecibo all-sky 327 MHz drift pulsar survey[J]. The Astrophysical Journal, 2013, 775(1): 51.

[24]Eatough R P, Molkenthin N, Kramer M, et al. Selection of radio pulsar candidatesusing artificial neural networks[J]. Monthly Notices of the Royal Astronomical Society, 2010, 407(4): 2443-2450.

[25]Bates S D, Bailes M, Barsdell B R, et al. The high time resolution universe pulsar survey VI: An artificial neural network and timing of 75 pulsars[J]. Monthly Notices of the Royal Astronomical Society, 2012, 427(2): 1052-1065.

[26]Morello V, Barr E D, Bailes, et al. SPINN: A straightforward machine learning solution to the pulsar candidate selection problem[J]. Monthly Notices of the Royal Astronomical Society, 2014, 443(2): 1651-1662.

[27]Lyon R J, Stapper B W, Cooper S, et al. Fifty years of pulsar candidate selection: From simple filters to a new principled real-time classification approach[J]. Monthly Notices of the Royal Astronomical Society, 2016, 459(1): 1104-1125.

[28]Tan C M, Lyon R J, Stappers B W, et al. Ensemble candidate classification for the LOTAAS pulsar survey[J]. Monthly Notices of the Royal Astronomical Society, 2017, 474(4): 4571-4583.

[29]Xiao J P, Li X R, Lin H T, et al. Pulsar candidate selection using pseudo-nearest centroid neighbour classifier[J]. Monthly Notices of the Royal Astronomical Society, 2020, 492(2): 2119-2127.

[30]Zhu W W, Berndsen A, Madsen E C, et al. Searching for pulsars using image pattern recognition[J]. The Astrophysical Journal, 2014, 781(2): 117.

[31]Guo P, Duan F Q, Wang P, et al. Pulsar candidate identification with artificial intelligence techniques[J]. arXiv: 1711. 10339, 2017.

[32]Lorimer D R, Bailes M, McLaughlin M A, et al. A bright millisecond radio burst of extragalactic origin[J]. Science, 2007, 318(5851): 777-780.

［33］Petroff E，Barr E D，Jameson A，et al. FRBCAT：The fast radio burst catalogue ［J］. arXiv preprint arXiv：1601. 03547，2016.

［34］Thornton D，Stappers B，Bailes M，et al. A population of fast radio bursts at cosmological distances［J］. Science，2013，341(6141)：53-56.

［35］Bannister K W，Deller A T，Phillips C，et al. A single fast radio burst localized to a massive galaxy at cosmological distance［J］. Science，2019，365(6453)：565-570.

［36］Cordes J M，Wasserman I. Supergiant pulses from extragalactic neutron stars［J］. Monthly Notices of the Royal Astronomical Society，2016，457(1)：232-257.

［37］Deng C M，Cai Y，Wu X F，et al. Fast radio bursts from primordial black hole binaries coalescence［J］. Physical Review D，2018，98(12)：123016.

［38］Liu T，Romero G E，Liu M L，et al. Fast radio bursts and their gamma-ray or radio afterglows as kerr-newman black hole binaries［J］. The Astrophysical Journal，2016，826(1)：82.

［39］Zhang B. Mergers of charged black holes：Gravitational-wave events，short gamma-ray bursts，and fast radio bursts［J］. The Astrophysical Journal Letters，2016，827(2)：L31.

［40］Luo R，Wang B J，Men Y P，et al. Diverse polarization angle swings from a repeating fast radio burst source［J］. Nature，2020，586(7831)：693-696.

［41］Lin L，Zhang C F，Wang P，et al. No pulsed radio emission during a bursting phase of a Galactic magnetar［J］. Nature，2020，587(7832)：63-65.

［42］Zhang B. The physical mechanisms of fast radio bursts［J］. Nature，587(7832)：45-53.

［43］Zhu W，Li D，Luo R，et al. A fast radio burst discovered in FAST drift scan survey ［J］. The Astrophysical Journal Letters，2020，895(1)：L6.

［44］Niu C H，Li D，Luo R，et al. CRAFTS for fast radio bursts：Extending the dispersion-fluence relation with new FRBs detected by FAST［J］. The Astrophysical Journal Letters，2021，909(1)：L8.

［45］Liu L Y，Ali E，Zhang J. Pulsar coherent de-dispersion experiment at Urumqi observatory［J］. Chinese Journal of Astronomy and Astrophysics，2006，6(S2)：53-55.

［46］Guo P，Duan F，Wang P，et al. Pulsar candidate classification using generativeadversary networks［J］. Monthly Notices of the Royal Astronomical Society，2019，490(4)：5424-5439.

[47]崔辰州,薛艳杰,李建,等.虚拟天文台——天文学研究的科研信息化环境[J].中国科学院院刊,2013,28(4):511-518.

[48]汪洋,李鹏,季一木,等.高性能计算与天文大数据研究综述[J].计算机科学,2020,47(1):1-6.

[49]Fluke C J,Jacobs C. Surveying the reach and maturity of machine learning and artificial intelligence in astronomy[J]. Wiley Interdisciplinary Reviews:Data Mining and Knowledge Discovery,2020,10(2):e1349.

[50]Brahem M,Lopes S,Yeh L,et al. AstroSpark:Towards a Distributed Data Server for Big Data in Astronomy[C]//Proceedings of the 3rd ACM SIGSPATIAL PhD Symposium. 2016:1-4.

[51]Loebman S,Ortiz J,Choo L L,et al. Big-Data Management Use-Case:A Cloud Service for Creating and Analyzing Galactic Merger Trees[C]//Proceedings of Workshop on Data analytics in the Cloud. 2014:1-4.

[52]刘应波.太阳望远镜海量数据存储关键技术研究[D].昆明:中国科学院云南天文台,2014.

[53]Zhang Z,Barbary K,Nothaft F A,et al. Kira:Processing astronomy imagery using big data technology[J]. IEEE Transactions on Big Data,2020,6(2):369-381.

[54]Collaboration for astronomy signal processing and electronics research[EB/OL]. (2016-11-06)[2022-03-26]. https://casper. berkeley. edu

[55]CASPER. IBOB[EB/OL]. (2017-10-12)[2022-04-11]. http://casper. berkeley. edu/wiki/IBOB,2016.

[56]CASPER. BEE2[EB/OL]. (2019-06-22)[2022-06-11]. http://casper. berkeley. edu/wiki/BEE2,2016.

[57]CASPER. ROACH[EB/OL]. (2019-08-11)[2022-03-21]. http://casper. berkeley. edu/wiki/ROACH,2016.

[58]CASPER. ROACH2[EB/OL]. (2020-03-16)[2022-04-06]. http://casper. berkeley. edu/wiki/ROACH2,2016.

[59]张馨心.CRANE 接收机系统的性能测试研究[D].北京:中国科学院大学,2017.

[60]Brescia M,Cavuoti S,Esposito F,et al. Dame ware-data mining & exploration web application resource[J]. arXiv:1603. 00720,2016.

[61]Brescia M,Cavuoti S,Longo G,et al. DAMEWARE:A web cyberinfrastructure for astrophysical data mining[J]. Publications of the Astronomical Society of the Pa-

cific，2014，126(942)：783.

[62]Firth A E，Lahav O，Somerville R S. Estimating photometricredshifts with artificial neural networks[J]. Monthly Notices of the Royal Astronomical Society，2003，339 (4)：1195-1202.

[63]Bonfield D G，Sun Y，Davey N，et al. Photometric redshift estimation using Gaussian processes[J]. Monthly Notices of the Royal Astronomical Society，2010，405(2)：987-994.

[64]Brescia M，Cavuoti S，D'Abrusco R，et al. Photometric redshifts for quasars in multi-band surveys[J]. The Astrophysical Journal，2013，772(2)：140.

[65]Cavuoti S，Brescia M，Longo G，et al. Photometric redshifts with the quasi Newton algorithm (MLPQNA) results in the PHAT1 contest[J]. Astronomy & Astrophysics，2012，546：A13.

[66]Wright D E，Smartt，S J，Smith K W，et al. Machine learning for transientdiscovery in Pan-STARRS1 difference imaging[J]. Monthly Notices of the Royal Astronomical Society，2015，449(1)：451-466

[67]Riccio G. Advances in Neural Networks[M]. New York：Springer-Verla，2016.

[68]Miller A A，Bloom J S，Richards，J W，et al. A machine-learning method to infer fundamental stellar parameters from photometric light curves[J]. The Astrophysical Journal，2015，798(2)：122.

[69]Goodfellow I J，Pouget-Abadie J，Mirza M，et al. Generative adversarial networks [J]. Advances in Neural Information Processing Systems. 2014，3：2672-2681.

[70]Schawinski K，Zhang C，Zhang H，et al. Generative adversarial networks recover features in astrophysical images of galaxies beyond the deconvolution limit[J]. Monthly Notices of the Royal Astronomical Society：Letters，2017，467 (1)：L110-L114.

[71]Geoffrey Hinton，Terrence J. Unsupervised Learning and Map Formation：Foundations of Neural Computation[M]. Cambridge：MIT Press，1999.

[72]Geach，James E. Unsupervised self-organized mapping：A versatile empirical tool for object selection，classification and redshift estimation in large surveys[J]. Monthly Notices of the Royal Astronomical Society，2012，419(3)：2633-2645.

[73]Carrasco Kind M，Brunner R J. SOMz：Photometric redshift PDFs with self- organizing maps and random atlas[J]. Monthly Notices of the Royal Astronomical Society，

2014，438(4)：3409-3421.

[74]Baron D，Poznanski D. The weirdest SDSS galaxies：Results from an outlier detection algorithm[J]. Monthly Notices of the Royal Astronomical Society，2017，465(4)：4530-4555.

[75]Ascaso B，Wittman D，Benítez N. Bayesian cluster finder：Clusters in the cfhtls archive research survey[J]. Monthly Notices of the Royal Astronomical Society，2012，420(2)：1167-1182.

[76]D'Abrusco R，Fabbiano G，Djorgovski G，et al. A new methodology for knowledge extraction from complex astronomical data sets[J]. The Astrophysical Journal，2012，755(2)：92.

[77]Fustes D，Manteiga M，Dafonte C，et al. An approach to the analysis of SDSS spectroscopic outliers based on self-organizing maps：Designing the outlier analysis software package for the next Gaia survey[J]. Astronomy & Astrophysics，2013，559：A7.

[78]Ivezič ž，Connolly A J，VanderPlas J T，et al. Statistics，Data Mining，and Machine Learning in Astronomy[M]. Princeton University Press，2019.

[79]VanderPlas J，Connolly A. Reducing the dimensionality of data：Locally linear embedding of sloan galaxy spectra[J]. The Astronomical Journal，2009，138(5)：1365.

[80]Roweis S T，Saul L K. Nonlinear dimensionality reduction by locally linear embedding[J]. Science，2000，290(5500)：2323-2326.

[81]Daniel S F，Connolly A，Schneider J，et al. Classification of stellar spectra with local linear embedding[J]. The Astronomical Journal，2011，142(6)：203.

[82]Matijevič G，Prša A，Orosz J A，et al. Kepler eclipsing binary stars Ⅲ：Classification of kepler eclipsing binary light curves with locally linear embedding[J]. The Astronomical Journal，2012，143(5)：123.

[83]Dieleman S，Willett K W，Dambre J. Rotation-invariant convolutional neural networks for galaxy morphology prediction[J]. Monthly notices of the royal astronomical society，2015，450(2)：1441-1459.

[84]Huertas-Company M，Gravet R，Cabrera-Vives G，et al. A catalog of visual-like morphologies in the 5 candels fields using deep learning[J]. The Astrophysical Journal Supplement Series，2015，221(1)：8.

[85]Hocking A，Geach J E，Sun Y，et al. An automatic taxonomy of galaxy morphology

using unsupervised machine learning[J]. Monthly Notices of the Royal Astronomical Society, 2018, 473(1): 1108-1129.

[86] Kuminski E, Shamir L. A computer-generated visual morphology catalog of ~3,000,000 SDSS Galaxie[J]. The Astrophysical Journal Supplement Series, 2016, 223(2): 20.

[87] Huertas-Company M, Rouan, D, Tasca, L, et al. A robust morphological classification of high-redshift galaxies using support vector machines on seeing limited images. I: Method description[J]. Astronomy and Astrophysics, 2008, 478(3): 971-980.

[88] Huertas-Company M, Tasca L, Rouan D, et al. A robust morphological classification of highredshift galaxies using support vector machines on seeing limited images. II: Quantifying morphological k-correction in the COSMOS field at $1<z<2$: K_s band vs I band[J]. Astronomy and Astrophysics, 2009, 497(3): 743-753.

[89] Huertas-Company M, Aguerri, J, Bernardi M, et al. Revisiting the Hubblesequence in the SDSS DR7 spectroscopic sample: A publicly available bayesian automated classification[J]. Astronomy and Astrophysics, 2011, 525: A157.

[90] Yan Z, Mead A J, Van Waerbeke L, et al. Galaxy cluster mass estimation withdeep learning and hydrodynamical simulations[J]. Monthly Notices of the Royal Astronomical Society, 2020, 499(3): 3445-3458.

[91] Bonaldi A, An T, Brüggen M, et al. Square kilometre array science data challenge I: Analysis and results[J]. Monthly Notices of the Royal Astronomical Society, 2021, 500(3): 3821-3837.

4 行动篇

4.1 之江行动

第二次世界大战后,在冷战大国竞争的宏观驱动下,大量前沿技术跨界,系统催生了物理学与天文学交叉领域的诺贝尔奖。特别是射电天文学,产生了一系列划时代的科学及技术成果,例如射电阵列综合孔径技术(Ryle,1974 年诺贝尔物理学奖)、脉冲中子星发现(Hewish,1974 年诺贝尔物理学奖)。可以说,天文学是当前物理科学领域无可争议的热点前沿,过去五年的诺贝尔物理学奖两次授予天文相关成果。

之江实验室正积极布局计算天文学,充分发挥自身智能计算的潜力,与国家天文台的 FAST 团队开展合作,围绕数字反应堆的高性能计算软硬件平台,推动计算天文学研究。

FAST 是我国自主建设的世界最大单口径、最灵敏的射电望远镜,运行稳定可靠,在脉冲星、快速射电暴等研究领域取得了重要进展,已于 2020 年验收完毕转入正式运行,并于 2021 年 4 月首次对国际开放。FAST 漂移扫描多科学目标同时巡天,首创了脉冲星搜索、中性氢成像、星系搜索和快速射电暴同时观测巡天。未来数据量将会达到 6Gbps,以此计算,每年的数据量约为 10PB,每天有超过百万的有效事件需要识别、筛选、跟进分析。

粒子物理面临能量前沿,即加速器所能达到的能量极限。天文学正在开始面对宇宙的时间前沿,即宇宙学尺度的剧烈变化现象的时标。2007 年发现的快速射电暴,其在千分之一秒能释放大约一年的太阳能,是宇宙中最亮的射频瞬变源。2017 年,首个重复爆发源 FRB 121102 被定位在一个遥远的矮星系,这一成果被美国天文学会称作"自 LIGO 引力波探测后,天文学最重大的发现"。快速射电暴研究作为天文学中的新兴领域,于 2020 年被评为"世界科技十大进展"之一。

之江实验室决心联合中国科学院国家天文台面向天文学的最前沿,聚焦计算天文学中的智能寻星这一核心领域,针对当前智能寻星领域的五大核心挑战,打造三个具有独特优势与特色的方向。实现从融合、突破、解锁"卡脖子"的全链条高质量发展。

首先拟打造天文大数据智能计算平台,面向基础科学前沿,依托国家大科学装置 FAST,深度、智能挖掘数据,推动宇宙探测的"时间前沿"。将围绕"快速射电暴及脉冲星搜寻""天文实时算法与终端研制""天文数据处理模型及算法设计"三个研究方向展开研究。重点将围绕当前天文热点和前沿领域的快速射电暴展开研究。快速射电暴的起源至今未知,其既可能孕育新的基础物理或天体物理,也有潜力成为探索宇宙的有力工具。从前沿智能计算技术出发,深度挖掘 FAST 高时频宇宙信号采样数据,搜索迄今世界最短时标的天体辐射现象,探索宇宙的"时间前沿"无人区,理解 FRB 起源。

针对快速射电暴及脉冲星搜寻探测模型,立足 FAST 历史最强绝对灵敏度,引领国际的宇宙"时间前沿"瞬变天体研究,包括进行大量瞬变天体新样本探测;细致分析脉冲;提高 FRB 与脉冲星搜寻效率;建立国际领先脉冲星搜寻数据流程;全局分析大观测样本;高维数据聚类智能分析,理解观测物理量间统计相关性。

针对天文实时算法与终端研制,依托之江实验室的数据处理算力支撑,发挥智能计算天文应用潜力,以天文所需的线性与非线性结合的终端计算需求。针对 FAST 及拓展阵观测数据,实现高参数空间(如高时间分辨率、高频率分辨率)的实时搜索。此外,发展 FRB 与脉冲星单脉冲快速搜寻方法,实现实时处理 FAST 19 波束脉冲星巡天数据(达到 50TB/d)。最后,研制与建设 FAST 拓展先导阵。

针对天文数据处理模型及算法,开发基于深度学习的人工智能技术用于快速射电暴、脉冲星单脉冲、近密双星系统脉冲星信号筛选、超高时间分辨率信号捕捉、河外星系探测等。

规划在未来建成超高时间分辨率信号捕捉平台,延伸 FAST 探测能力边界,并构建脉冲发生模型、多路处理、人工智能识别及基于无/半监督学习进化的完整智能搜索流程。

同时,依托之江实验室不断进步的高性能计算能力,研究望远镜终端系统直接存储和时域数据处理策略,大幅提升天文处理能力。并在此基础上,构建大规模天线阵,满足对望远镜原始数据未降速下的完全处理能力,实现未来数字望远镜,积极推动望远镜空间组阵应用。

此外,立足之江实验室先进的微纳加工平台,实现天文级高灵敏度超导探测器技术从设计、加工、集成、应用全链条掌握。推动在太赫兹波段的军事、安防应用,实现科学产出与技术军民融合应用。

相关研究旨在自主开展脉冲星搜索的计算加速和构建天文大数据智能计算平台方面的研究工作。天文大数据智能计算平台的构建将是望远镜大规模数据管理能力、数据综合分析与应用的重要保障。可有效实现望远镜观测数据的有序分发和调度,填补国内乃至世界在射电天文大规模数据存储和分析建设方面的空白。

与此同时,之江实验室与国家天文台还将共同打造"可视化天文数据服务平台",以云平台、开放、参与、互动的理念,服务国内、国际社群,辐射影响学术和工业界,面向全球天文领域的科研工作者打造属于我国的FAST@home。之江实验室基于数字反应堆的天文大数据服务平台将提供天文领域大数据存储与分析服务,提供天文领域数据处理、数据清洗、数据挖掘等共性支撑工具集,建设标准化分析数据接口及数据跨库查询服务等功能,提供可视化图形报告,可互动的视图连接合并机制,具备数据模型定义可配置、面向多科学目标的在线数据专业分析的标准化集成系统。此外,将支持流式数据处理和离线批量数据处理等,通过接入云计算平台,实现计算和存储服务的弹性扩容。最终实现让科学用户自主进行大数据挖掘,更快实现科研成果产出。同时,该天文大数据服务平台面向全球公众提供可视化、可互动的科普平台。现阶段主要研究方向与内容如表 4-1 所示。

表 4-1　研究方向与内容

研究方向	研究内容
瞬变天体新样本大量探测	搜索已知 FRB 源重复爆、磁星、临近星系的 FRB
脉冲的细致分析	超短脉冲现象、弱信号和动态谱细致结构的探测
基于大观测样本的全局分析	高维数据聚类智能分析,理解观测物理量间统计相关性
超算	针对 FAST 和小天线阵观测数据,实现高参数空间遍历的实时搜索;构建超高时间分辨率信号捕捉流程
平台搭建和算法开发	构建我国天文大数据服务、共享平台;开发密近双星系统的脉冲星搜索算法;优化数据处理流程,成量级提高脉冲星、FRB 搜索速度
人工智能应用	脉冲星及 FRB 候选体智能识别筛选,极弱信号识别及新特征提取算法;应用类脑分析实现突破,对大样本观测量的高维数据智能聚类分析

我们可以期待,通过该研究顺利实施,全球天文领域的科研工作者都可借助该项目建立的大数据开放平台、数据处理工具集以及集群的高性能和高可用计算资源进行大规模巡天数据的分析处理,实现以下三大愿景。

首先,面向科研工作者的多科学目标数据服务。提供天文领域大数据存储与分发服务,针对不同科学目标的具体数据需求,提供数据采样、压缩、挖掘等共性支撑工具集,在线批量数据预处理等,通过接入云计算平台,实现计算和存储服务的弹性扩容。满足多科学目标用户数据获取需求。

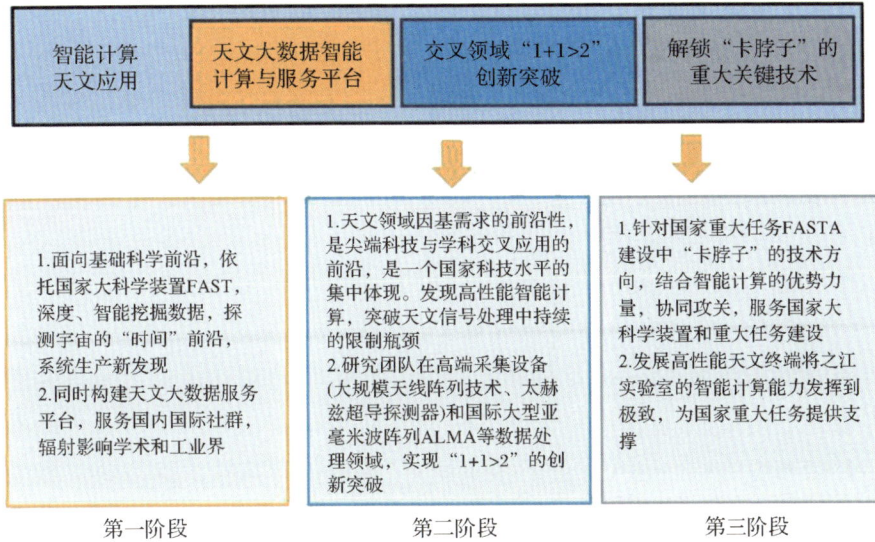

图 4-1　计算天文数字反应堆发展愿景

其次,提供在线交互的先进云数据分析平台。建设标准化分析数据接口及数据跨库查询服务等功能。提供可视化图形报告,可互动的视图连接合并机制,具备数据模型定义可配置、面向多科学目标的在线数据专业分析的标准化集成系统。让科学用户自主进行大数据挖掘,从而更快实现科研成果产出。

最后,提供面向全球天文爱好者及公众的虚拟天文台。基于大数据、移动互联网、人工智能等先进技术提供可视化可互动科普平台。

以上成果将对未来巡天项目数据处理计算加速方面产生直接的促进作用,加速国际性、前沿性科研成果的产出,增强我国在系统化脉冲星/FRB 观测领域的国际影响力。

在未来,之江实验室与国家天文台力求最大化发挥各自的优势,在交叉领域实现"1+1>2"的创新突破。双方计划在大规模天线阵列技术、太赫兹超导探测器芯片和国际大型亚毫米阵列 ALMA 数据处理领域展开积极合作,实现尖端科技与学科交叉应用的最前沿的重大科研进展。

在中长期规划中,之江实验室结合智能计算的优势力量,针对国家重大任务 FASTA 建设中前沿的技术方向,协同中国科学院国家天文台共同攻关,服务国家大科学装置和重大任务建设。其中,拟采用基于大规模相控阵馈源的高性能天文终端系统将之江实验室的智能计算能力发挥到极致。

4.2 结语与展望

本书旨在全面系统地介绍计算天文学的研究背景、研究现状、主要技术路线及发展趋势,并在此基础上介绍之江实验室对计算天文学研究的布局。总的来说,目前计算天文学正处于从数据密集型的第四范式向基于智能推理的第五范式演进的变革中,当前智能计算技术的飞速发展为我们提供了独特的历史机遇。两者深入聚合必将由量变引发质变,从而开启以天文大数据为熔炼底料的"智能计算+X"数字反应堆的聚变反应,有效应对未来 PB 量级的天文大数据的存储、处理、挖掘,尤其能够大力促进大规模巡天数据集上脉冲星与快速射电暴等星体或天文现象的智能搜寻。

之江实验室作为在智能计算领域有着深厚积累的新型科研机构,将与国家天文台为代表的基础研究平台实现更加紧密、广泛的合作,推动计算天文学第五范式研究模式的不断成熟,促进跨学科融合的计算天文学探索研究,实现天文巡天大数据的精确化研究。之江实验室打造之江数字反应堆之天文大数据智能计算平台,建立最先进的智能计算赋能天文技术体系,致力于向取得划时代的科学及技术成果,并为我国天文大数据平台建设做出卓越贡献。